高等院校医学实验教学系列教材

生物化学与分子生物学实验指导

主　编　冯雪梅　黄映红

副主编　汪　红　杨金蓉　金沈锐　韩玉萍

编　委（按姓氏笔画排序）

王　东　冯雪梅　杨友均　杨金蓉

汪　红　肖　含　时丽洁　张　技

陈　建　陈小凤　金沈锐　黄映红

韩玉萍　谢　茜

科 学 出 版 社

北 京

内 容 简 介

　　本教材根据普通高等医药院校生物化学与分子生物学教学大纲的要求，针对生物化学与分子生物学所涉及的主要内容进行编写。全书共分四部分，第一部分为基本实验技术（含分光光度法、离心技术、电泳技术和层析技术），第二部分为生物化学实验（含21个实验），第三部分为分子生物学实验（含7个实验），第四部分为综合性实验和设计性实验（含2个实验）。每个实验包括目的要求、实验原理、主要材料与试剂、主要器材、操作步骤、注意事项、思考题七部分，具有较强的实用性和可操作性。

　　本教材可作为普通高等医药院校生物化学与分子生物学课程的实验教材，也可以作为本课程学习的参考书。

图书在版编目（CIP）数据

　　生物化学与分子生物学实验指导/冯雪梅，黄映红主编 . —北京：科学出版社，2023.2

　　高等院校医学实验教学系列教材

　　ISBN 978-7-03-072491-5

　　I.①生… Ⅱ.①冯…②黄… Ⅲ.①生物化学–实验–医学院校–教学参考资料②分子生物学–实验–医学院校–教学参考资料 Ⅳ.① Q5-33 ② Q7-33

　　中国版本图书馆 CIP 数据核字（2022）第 101399 号

責任编辑：周　圆/責任校对：郑金红
責任印制：赵　博/封面设计：陈　敬

科 学 出 版 社 出版

北京东黄城根北街 16 号
邮政编码：100717
http://www.sciencep.com

固安县铭成印刷有限公司印刷
科学出版社发行　各地新华书店经销

*

2023 年 2 月第 一 版　开本：787×1092　1/16
2025 年 1 月第四次印刷　印张：9 1/2
字数：231 000

定价：45.00 元
（如有印装质量问题，我社负责调换）

前　言

　　生物化学与分子生物学作为现代生命科学的基础学科，是医药学及生物科学等专业的必修课程之一。通过生物化学与分子生物学课程的学习，有助于理解存在于生命有机体内的蛋白质、核酸、糖、脂质等是如何通过相互作用而产生生命现象的，在分子水平认识疾病产生的原因和机制，运用生物化学与分子生物学的技术和方法对疾病进行早期诊断和治疗，指导发现新的药物作用靶点、研发出更加精准高效的药物。生物化学与分子生物学是一门实验性的学科，它的每一次重大进步和发展都是建立在新的实验技术基础之上的。作为高素质医药人才培养的一个重要组成部分，学习和掌握生物化学与分子生物学的常用实验技术和方法，并运用其技术为医药学服务是一个必要且重要的培养环节。同时，通过实验教学可塑造学生理论联系实际、实事求是、科学思维等综合科学素养。

　　本实验指导是依据普通高等医药院校的教学大纲要求及我们在长期的生物化学与分子生物学教学中积累的经验编写而成。全书共分四部分：第一部分为基本实验技术，比较系统地介绍了分光光度法、离心技术、电泳技术和层析技术的原理、方法及其应用。第二部分为 21 个生物化学实验，其中既包含了一些生物化学的经典实验，也根据目前临床的生化检验情况增加了新的实验。比如血糖的测定，有无机化学法、有机化学法和酶法。Folin-Wu 法属于无机化学法，邻甲苯胺法属于有机化学法，己糖激酶法（国际推荐的参考方法）和葡萄糖氧化酶法（我国推荐的方法）属于酶法。本实验指导则包括了这四种血糖测定方法，各校可以根据自己的需要进行选择，同学们也可以了解到不同的测定方法及其各自的优缺点。第三部分为 7 个分子生物学实验，包括真核生物基因组 DNA 的提取、酶切和鉴定、聚合酶链反应（PCR）、印迹杂交等。这些分子生物学实验大多对实验条件要求不高，在本科教学中具有较强的可操作性。第四部分为 2 个综合性实验和设计性实验，主要涉及蛋白质印迹法的虚拟仿真实验和基因的鉴定和分析。其中"基于中医'肾阳虚证'蛋白差异表达分析的虚拟仿真实验"是对开展线下蛋白质印迹实验有困难的一个替补方案，该实验与中医理论相结合，对于激发中医药相关专业的同学开展中医药研究的热情有一定的意义。"瘦素基因的鉴定和分析"则是一个以训练和培养同学们的科研设计、科学思维能力为目的，由老师引导学生根据实验要求提交实验设计方案的实验。

　　本实验指导具有较强的实用性和可操作性，可以较好满足普通高等医药院校的生物化学与分子生物学实验教学，尤其是普通高等中医药院校的生物化学与分子生物学实验教学。本实验指导在编写过程中，得到了许多一线师生的大力支持和帮助，在此表示感谢。本实验教材可能存在不足之处，敬请各位同行专家和使用该实验教材的师生及其他读者朋友批评指正。

编　者

2022 年 8 月

目　　录

第一篇 基本实验技术

第一章 常用仪器使用技术

一、常用玻璃仪器的洗涤

生物化学实验中，常由于玻璃仪器或瓷器表面存在污渍或杂质而影响结果的准确性，因此玻璃仪器的正确洗涤非常重要。

在洗涤玻璃仪器时，需根据实验项目对玻璃仪器的洁净要求，采用适宜的洁净剂和洗涤方法。实验室常用的洁净剂包括肥皂、洗衣粉、去污粉、洗液、有机溶剂等。量杯、量筒、烧杯、试剂瓶、三角烧瓶等玻璃仪器上一般污渍可用肥皂、洗衣粉、去污粉直接刷洗。如需清洗结垢或移液管、滴定管、培养瓶等不便刷洗的玻璃仪器，则可选用洗液。甲苯、二甲苯等有机溶剂主要用于清除油污。乙醇、丙酮等有机溶剂具备易于挥发的特点，故可用于洁净玻璃仪器的快速干燥。清洗含放射性元素的器皿，必须选用特殊的清洗液。

（一）常用洗液的配制及使用方法

1. 强酸氧化剂洗液 实验室常用的强酸氧化剂洗液为铬酸洗液，有特别强的清除有机物和油污的能力，又不会腐蚀玻璃仪器。因此，实验室中铬酸洗液的使用最广泛。

（1）铬酸洗液的清洗原理：铬酸洗液由重铬酸钾（$K_2Cr_2O_7$）和浓硫酸配制而成。重铬酸钾与浓硫酸反应，生成不稳定的铬酸，铬酸进一步生成暗红色的铬酸酐（CrO_3），铬酸酐具有很强的氧化性，和浓硫酸中的三氧化硫共同发挥清洁效力。但当铬酸酐分解为绿色的三氧化二铬时，失去清洁效力，则洗液不宜再使用。

（2）铬酸洗液的配制：按重铬酸钾：水：浓硫酸 =1：2：20的比例配制。如称取研细的重铬酸钾 10g，60℃条件下溶解于 20ml 蒸馏水中，然后少量多次加入浓硫酸 180ml，使洗液终体积达到 200ml。待暗红色澄清溶液冷却后储存于有盖的磨口瓶内，贴上标签。加入浓硫酸时应沿烧杯壁缓慢加入，边加边搅拌，避免局部热量猛增引发爆炸，也可防止暗红色铬酸酐析出结晶。此外，配液过程中务必注意安全，需穿戴好耐酸碱乳胶手套和皮围裙，防止洗液溅到皮肤或衣物上，万一不慎溅到皮肤上应立即用大量清水冲洗。

（3）铬酸洗液的使用：使用洗液前需将玻璃仪器用自来水冲洗数次，并将仪器上的水分尽量除去再放洗液中浸泡，以免洗液被仪器上的水分稀释，降低清洁效力。仪器浸泡数小时后取出，先用少量自来水冲洗仪器，收集冲洗液作废水处理，再用大量自来水充分清洗至仪器无水珠倒挂为止，最后用少量蒸馏水冲洗数次，晾干备用。

（4）铬酸洗液使用注意事项：浸泡仪器时，应避免洗液飞溅到皮肤或衣物上，防止灼伤皮肤或损坏衣物。从洗液缸中取出浸泡仪器前，需穿戴好耐酸碱乳胶手套和皮围裙。第一次冲洗仪器的自来水不能直接倒入下水道，长久会腐蚀下水道，应倒入酸性废液缸，再用硫酸亚铁和废碱液处理。

（5）废液的处置：废液的主要成分是硫酸铬 $[Cr_2(SO_4)_3 \cdot nH_2O]$、硫酸等。当铬酸洗液由红棕色变为黑绿色时，说明 $K_2Cr_2O_7$ 被还原，此时洗液已失去洗涤效能。为避免造成环境污染，首先在废液中加入硫酸亚铁，将残留有毒的六价铬还原成无毒的三价铬，再加入废碱液使三价铬转化为 $Cr(OH)_3$ 沉淀，弃入指定废物桶。

2. 其他洗涤液的使用方法

（1）浓盐酸：可洗去水垢或某些无机盐沉淀。

（2）5% ～ 10% 磷酸钠（$Na_3PO_4 \cdot 12H_2O$）溶液：可洗涤油污物。

（3）30% 硝酸溶液：洗涤二氧化碳测定仪及微量滴管。

（4）5% ～ 10% 乙二胺四乙酸二钠（EDTA-2Na）溶液：加热煮沸可洗脱玻璃仪器内壁的白色沉淀物。

（5）尿素洗涤液：为蛋白质的良好溶剂，适用于洗涤盛装过蛋白质制剂及血样的容器。

（6）有机溶剂：如丙酮、乙醚、乙醇等可用于洗脱油脂、脂溶性染料污痕等，二甲苯可洗脱油漆污垢。

（7）含氢氧化钾的乙醇溶液和含有高锰酸钾的氢氧化钠溶液：是两种强碱性的洗涤液，对玻璃仪器的侵蚀性很强，可清除容器内壁污垢，洗涤时间不宜过长，使用时应小心操作，必要时佩戴护具。

（二）玻璃仪器的洗涤

全新玻璃仪器表面附着有游离碱质，可先用肥皂水刷洗，再用流水冲洗，浸泡于 1% ～ 2%HCl 溶液中过夜，取出后再用流水冲洗，最后用蒸馏水冲洗 2 ～ 3 次，于干燥箱中烤干或自然晾干备用。

使用过的玻璃器皿表面可能存在油污、蛋白质污渍和杂质等，其洗涤方法很多，应根据实验要求、仪器类型、污物的性质、沾污程度来选择。常用的洗涤方法如下。

1. 一般玻璃仪器洗涤　一般玻璃仪器如烧杯、三角烧杯、试剂瓶、试管等，可用特制的毛刷仔细洗涤仪器的内外部，如仪器壁上有油污或其他杂质未洗掉，则可用肥皂或碳酸钠溶液洗涤，再用自来水及少量蒸馏水将仪器冲洗干净，洗至容器内壁光洁不挂水珠为止，最后用蒸馏水冲洗 2 ～ 3 次，晾干备用。

2. 容量仪器洗涤　容量仪器如吸量管、容量瓶、滴定管等即用即洗，勿使污渍干涸，用流水或洗衣粉水冲洗，干燥后放入铬酸洗液中浸泡数小时，然后用自来水反复冲洗，将洗液完全洗去，最后用蒸馏水冲洗 2 ～ 3 次，晾干或烘干备用。

3. 吸收池洗涤　吸收池用毕立即用自来水反复冲洗干净，如不干净可用 HCl 溶液或适当溶剂冲洗（避免用较强的碱液或强氧化剂清洗），再用自来水冲洗干净。切忌用试管刷或粗糙的布或纸擦洗，以保护吸收池透光性，冲洗后倒置晾干备用。

（三）玻璃仪器的干燥

可根据实验的不同要求，采用以下方法干燥洗净的玻璃仪器。

1. 自然晾干　不急用的仪器在洗净后，可倒置在干净的实验柜内或仪器架上任其自然干燥。

2. 烘干　放入烘箱前要先把水沥干，放置仪器时，仪器口应朝下。

3. 热（冷）风吹干　急于干燥的仪器可先用少量乙醇、丙酮摇洗，再用电吹风或气流烘干器吹干，即可快速干燥。不能高温烘干的仪器也可采用吹干的方法。

二、基本度量仪器的使用

生物化学与分子生物学实验使用的度量仪器主要包括计量液体体积的玻璃器皿，如量筒、容量瓶、滴定管、刻度吸量管、刻度离心管等，以及定量转移液体的移液器或移液管。

（一）量筒

量筒是度量液体体积的基本仪器之一。量取液体时，如准确度要求不严格，则可用量筒。常见量筒的容量有 10ml、20ml、50ml、100ml 、500ml 等，可根据需要来选用。用量筒量取液体，读数的准确尤为重要。读取刻度时，应让量筒垂直，通常应使视线与量筒内液面的弧形最低点处于同一水平面上，偏高或偏低都会产生误差。量筒既不能作反应器用，也不能盛装热的液体。

（二）容量瓶

容量瓶用于配制一定浓度的标准溶液或试样溶液。颈上刻有标线，表示在 20℃ 条件下，溶液盛装至标线的容积。有 10ml、25ml、50ml、100ml、250ml、500ml、1000ml、2000ml 几种规格，并有白色、棕色两种颜色。容量瓶使用前应先检查容量瓶的瓶塞是否漏水，瓶塞应系在瓶颈上，不得任意更换。瓶内壁不得挂有水珠，所称量的任何固体物质都必须先在小烧杯中溶解或加热溶解，待冷却至室温后，才能转移到容量瓶中。

（三）移液器

移液器是移取溶液时所用工具。生物化学与分子生物学实验中常用的是空气置换式移液器，其工作原理是通过弹簧的伸缩控制活塞的上下运动，以完成取液和放液的操作。下压活塞推动部分空气从移液器下端排出，放开弹簧，在大气压和溶液静压的共同作用下，一定量的溶液进入吸头，再下压活塞推动空气排出溶液。

1. 移液器的分类 根据量程设定的方式不同，移液器可分为固定量程移液器和可调式移液器。其中可调式移液器应用较为广泛，其规格包括 0.5～10μl、2～20μl、10～100μl、20～200μl、100～1000μl、1000～5000μl 等。此外，为提高实验效率，还可选择多通道移液器实现多个样本的同时转移，也可选择吸头间距可调的多通道移液器在不同容器类型（如离心管和工作板）之间转移样品。

2. 移液器使用方法

（1）选择合适量程的移液器。

（2）转动旋钮调节量程，注意避免移液器显示容量值超过移液器的可调范围。

（3）采用旋转安装法装配吸头，检查移液器气密性，使用新吸头时需预洗。

（4）取液前，液体需在室温条件下平衡一段时间。正向取液时将按钮压至第一停点，将移液器垂直伸入液面下，控制好深度，然后缓慢匀速地松开按钮，吸入液体，稍作停留，再将吸头提离液面，贴壁停留 2～3s，使吸头尖端外侧的液滴滑落。血液等较黏稠的液体则需进行反向取液，即将按钮压至第二停点，按上述方法取液（图 1-1-1）。

（5）放液时，将吸头尖端贴壁。如取液时采用正向取液，先将按钮压至第一停点，稍作停顿，再将按钮压至第二停点，检查吸头是否有残留液体。如取液时采取反向取液，则匀速地将按钮推至第一停点即可。

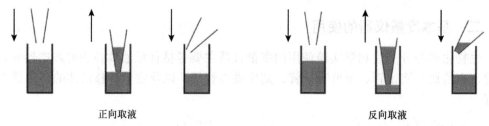

正向取液　　　　　　　　　　　反向取液

图 1-1-1　取液、放液操作

（6）取液结束后，需将刻度调至最大，让弹簧回复以延长移液器使用寿命。

（四）移液管、吸量管

移液管和吸量管为玻璃仪器，可准确移取一定体积的溶液。

1. 分类

（1）奥氏吸量管：移液管中间膨大者，又称为胖肚移液管。供准确量取 0.5ml、1ml、2ml 液体时用。每根奥氏吸量管上只有一个刻度，放液时必须吹出残留在吸量管尖端的液体，主要用于量取黏滞系数大的液体。

（2）移液管：又称单标线吸量管，供准确量取 5ml、10ml、25ml 等较多体积液体时用。每根吸量管上只有一个刻度，放液后，将吸量管管尖在容器内壁上继续停留 15s，注意不要吹出尖端最后的部分。

（3）分度吸量管：直型移液管，管上有刻度，规格包括 1ml、2ml、5ml、10ml 等。供移取刻度范围内任意体积的液体时用，分为全流出式与不完全流出式。全流出式一般包括尖端部分，欲将所量取液体全部放出时，须将残留管尖的液体吹出。此类吸量管的上端常标有"吹"字。若吸量管上端未标有"吹"字样则为不完全流出式，其刻度不包括吸量管的最后一部分，残留管尖的液体不必吹出。

2. 使用方法

（1）选择：使用前先根据需要选择适当的移液管，分度吸量管的总容量最好等于或稍大于最大取液量。临用前要看清容量和刻度。

（2）执管：用拇指和中指（辅以环指）持移液管上部，用示指堵住上口并控制液体流速，刻度数字要对向自己。

（3）取液：将移液管插入液体内（不得悬空，以免液体吸入橡皮球内），用另一只手捏压橡皮球，用橡皮球将液体吸至最高刻度上端 1～2cm 处，然后迅速用示指按紧管上口，使液体不至于从管下口流出。

（4）调整刻度：将移液管提出液面，然后用示指控制液体缓慢下降至所需刻度（通常情况下，此时液体凹面、视线和刻度应在同一水平线上），并立即按紧移液管上口。

（5）放液：将移液管转入接收容器，放松示指，使液体自然流入接收容器内（移取黏性较大的液体，如全血、血清、血浆时，先用滤纸擦干管尖外壁再行放液）。放液时，管尖最好接触接收容器内壁。但不要插入接收容器内原有的液体中，以免污染移液管和原有液体。

（6）洗涤：移取血液、血清等黏稠液体及标本（如尿液）的移液管，使用后要及时用自来水冲洗干净。移取一般试剂的移液管可不必马上冲洗，待实验完毕后再冲洗。冲洗干净后，最后用蒸馏水冲洗，晾干备用。

（五）滴定管

滴定管分为常量滴定管与微量滴定管。常量滴定管又分为酸式与碱式两种，各有白色、棕色之分。酸式滴定管用于盛装酸性、氧化性以及盐类的稀溶液。碱式滴定管用来盛装碱性溶液。棕色滴定管用于盛装见光易分解的溶液。常量滴定管的容积有20ml、25ml、50ml、100ml等规格。微量滴定管分为一般微量滴定管和自动微量滴定管，容积有1ml、2ml等规格，刻度精度因规格不同而异。

滴定管主要用于滴定分析。它能准确读取试液用量，操作比较方便。一般是左手握塞，右手持瓶；左手滴液体，右手摇动锥形瓶。在滴定台上衬以白纸或者白瓷板，以便观察锥形瓶内的颜色变化。滴定速度以10ml/min，即每秒3～4滴为宜。接近终点时，滴速要慢，甚至以每秒半滴或1/4滴的滴速进行滴定，以免过量。达到终点后稍停1～2min，等待内壁挂有的溶液完全流下时再读取刻度数。正确读取容积刻度是减少容量分析实验误差的重要环节。

滴定管的读数方法，可依个人习惯的不同而不同。但是在同一实验中读取容积刻度时，必须以液面的同一特征标志为准，以保证其系统误差。普通滴定管读取数据，通常情况下双眼与液面凹面相切读数。有色液读取数据是溶液凹面两侧最高点连线与刻度线重合点。无色液读取数据是溶液凹面最低点水平线与刻度线重合点。

三、实验室基本操作

（一）溶液的混匀

样品与试剂的混匀是保证化学反应充分进行的一种有效措施。为使反应体系内各物质迅速互相接触，必须借助于外加的机械作用。混匀时须防止容器内液体溅出或被污染，严禁用手指直接堵塞试管口或锥形瓶口振摇。溶液稀释时应混匀，混匀的方法通常有以下几种。

1. 搅拌混匀法　适用于烧杯内溶液的混匀。如固体试剂的溶解和混匀。搅拌使用的玻璃棒必须两头均圆滑，棒的粗细、长短必须与容器的大小和所配制溶液的多少相匹配。搅拌时必须使搅拌棒沿着器壁运动，以免搅入空气或使溶液溅出。倾入液体时必须沿着器壁慢慢倾入，以免带入大量气体，倾倒表面张力低的液体更要缓慢仔细。研磨配制胶体溶液时，搅拌棒沿着研钵的一个方向进行，不要来回研磨。

2. 旋转混匀法　适用于锥形瓶、大试管内溶液的混匀。手持容器使溶液作离心旋转，以手腕、肘或肩作轴进行旋转。

3. 指弹混匀法　适用于离心管或小试管内溶液的混匀。左手持试管上端，用右手指轻轻弹动试管下部。或用一只手的拇指和示指持管的上端，用其余三个手指弹动离心管，使管内的液体做旋涡运动。

4. 振荡混匀法　使用振荡器使多个试管同时混匀，或试管置于试管架上，双手持管架轻轻振荡，达到混匀的目的。

5. 倒转混匀法　适用于具塞量筒和容量瓶及有盖试管内容物的混匀。

6. 吸量管混匀法　用吸量管将溶液反复吸放数次，使溶液混匀。

7. 甩动混匀法　右手持试管上部，轻轻甩动振荡即可混匀。

8. 电磁搅拌混匀法　在电磁搅拌机上放上烧杯，在烧杯内放入封闭于玻璃或塑料管中的小铁棒，利用磁力使小铁棒旋转以达到混匀杯中液体的目的。此法适用于酸碱自动滴定、pH 梯度滴定等。

（二）过滤法

过滤法是分离沉淀和滤液的一种方法，可用于收集滤液，收集或洗涤沉淀。可采用漏斗及滤纸或采用吸滤法。操作时应注意以下几点。

1. 制备血滤液等实验时，要用干滤纸而不能用水先润湿滤纸，因为湿滤纸会影响血液稀释的体积。

2. 折叠滤纸的角度应与漏斗相吻合，使滤纸上缘能与漏斗壁完全吻合，不留缝隙。一般采用平折法（即对折后再对折）。

3. 向漏斗中加溶液时，使其沿玻璃棒慢慢流下；玻璃棒不能在漏斗中搅动。倒入速度不要太快，以防损失，不得使液面超过滤纸上缘。

4. 较粗的过滤可用脱脂棉或纱布代替滤纸，有时也可用离心沉淀法代替过滤法。

（三）加热法

可用水浴加热，使用水浴时防止水浴过程中容器倾倒。酒精灯使用注意事项：①禁止"头碰头"点燃；②用完后先用盖子盖一下，待火焰熄灭后再拿下重盖，防止形成真空而使盖子打不开；③加热时试管口不要对着人；④加热时用试管夹夹住试管的上 1/3 部分，先均匀加热，再固定管底加热。

（四）烤干法

试管等普通玻璃器材可在烘箱内烘烤干。

（黄映红）

第二章 分光光度法

一、原理

光由具有能量的光子组成，是一种电磁波，具有不同的波长。肉眼可见的光称为可见光，波长 400 ~ 760nm；波长 10 ~ 400nm 的光线称为紫外线；波长 760nm ~ 1000μm 的光线称为红外线。

当光线通过透明溶液时，其辐射能量一部分被吸收，一部分被透过。所以光线通过透明溶液之后光能减少。例如，可见光通过有色溶液介质后，或红外线通过多种气体后，均有一部分光能被吸收，我们可利用这一性质对物质进行定性定量分析。一般应用范围可在测定物浓度的 1/1000 ~ 1/100。

分光光度法的基本原理，即朗伯（Lambert）定律和比尔（Beer）定律。分光光度法的计算公式亦根据此二定律推导而得。

（一）朗伯定律

当一束单色光通过某一透明溶液时，由于溶液吸收了一部分光能，故通过溶液后射出光的强度就要减弱。若溶液浓度不变，溶液的厚度越大（或者说光在溶液中所经过的路径越长），光线强度减弱也越显著（图 1-2-1）。

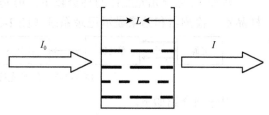

图 1-2-1　溶液的光吸收

若 I_0 为光线通过溶液前的强度；I 为光线通过溶液后的强度；L 为溶液的厚度，则：

$$\lg \frac{I_0}{I} = K_1 L \qquad (1\text{-}2\text{-}1)$$

K_1 为吸光系数，是常数，其数值随光线的波长和溶液的性质而改变，朗伯定律适用于一切溶液。

（二）比尔定律

一束单色光通过某一透明溶液后，光线强度会减弱，若溶液的厚度不变，溶液的浓度越大，光线强度的减弱也越明显。

若 C 为溶液的浓度，则

$$\lg \frac{I_0}{I} = K_2 C \qquad (1\text{-}2\text{-}2)$$

K_2 亦为常数，其数值随光线的波长和溶液的性质而改变。

（三）朗伯 - 比尔定律

合并上述的定律，得

$$\lg \frac{I_0}{I} = KCL \qquad (1\text{-}2\text{-}3)$$

令 $A = \lg \dfrac{I_0}{I}$，则

$$A = KCL \tag{1-2-4}$$

令 $T = \dfrac{I}{I_0}$，则

$$A = -\lg T \tag{1-2-5}$$

式中，A 为吸光度（也称光密度，用 D 表示），T 为透光度。

K 为吸光系数，是常数，不随溶液浓度 C 和厚度 L 的改变而改变。在温度和波长等条件一定时，其仅与吸收物质本身的性质有关。

式（1-2-4）为分光分析法的基本计算式，其含义为：一束单色光通过某一透明溶液后，光能要被吸收，其吸收的多少与溶液的浓度和厚度的乘积成正比。

二、概述

利用分光光度计测定溶液吸光度进行定量分析的方法，称为分光光度法。分光光度法是以物质对光的选择性吸收和朗伯-比尔定律为其定性和定量的依据。

（一）分光光度计介绍

紫外-可见分光光度计的种类较多，但基本构造相同或相似，通常包括光源、单色器、样品室、检测器和结果显示记录系统（图 1-2-2）。

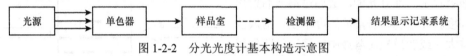

图 1-2-2　分光光度计基本构造示意图

现分别介绍如下。

1. 光源　通常，可见光区以钨灯、碘钨灯作为光源，其辐射波长范围在 320 ～ 2500nm。紫外光区利用氢灯、氘灯作为光源，发射 185 ～ 400nm 的连续光谱。优质的光源在仪器操作所需的光谱区域内能够发射连续光谱，具有足够的辐射强度、良好的稳定性、较长的使用寿命，辐射能量随波长的变化应尽可能小。

2. 单色器　其作用是将光源发射的复合光分解成单色光，并可从中选择任意波长单色光作为最终的入射光，以完成对样品吸光度的测量。单色器一般由入射狭缝、准直透镜、色散元件、聚焦元件和出口狭缝等几部分组成。其核心部分是色散元件，起分光的作用。常用的色散元件是棱镜和光栅（图 1-2-3）。

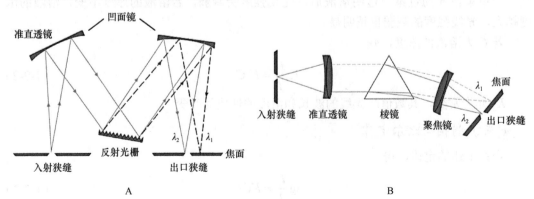

图 1-2-3　光栅和棱镜单色器构成图
A. Czerney-Turner 型光栅单色器；B. Bunsen棱镜单色器

棱镜有玻璃材质和石英材质两种。玻璃棱镜用于可见光区，而石英棱镜则可拓展至紫外线区，可用于紫外-可见分光光度计中。

3. 样品室　样品室放置各种类型的吸收池（比色杯）和相应的池架附件。吸收池的作用是盛放溶液以进行吸光度检测。分光光度计中常用的吸收池分石英、玻璃两种材质。在紫外线区须采用石英池，可见光区一般用玻璃池。吸收池按路径长度不同分为0.5cm、1.0cm、2.0cm等规格，最常使用的是路径长度为1.0cm的吸收池。

4. 检测器　利用光电效应将透过吸收池的光信号变成可检测的电信号，常用的检测器有光电池、光电管和光电倍增管及二极管阵列等（图1-2-4）。

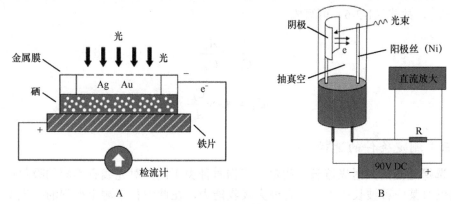

图1-2-4　检测器构造图
A.硒光电池；B.真空光电管

5. 结果显示记录系统　它的作用是放大信号并以适当方式显示或记录下来。常用的结果显示记录系统有直读检流计、电位调节指零装置以及数字显示或自动记录装置等。很多型号的分光光度计装配有微处理机，一方面可对分光光度计进行操作控制，另一方面可进行数据处理。

（二）测定方法

1. 标准曲线法

（1）按一定浓度梯度配制一系列标准溶液（C_1、C_2、C_3、……）。

（2）做显色处理后，在一定波长下分别测定其吸光度（A_1、A_2、A_3、……）。

（3）以浓度 C 为横坐标，吸光度 A 为纵坐标，绘制曲线，得到一条通过原点的直线，称为标准曲线（图1-2-5）。

（4）用与标准溶液完全相同的步骤和方法测定待测溶液的吸光度（A_x），从标准曲线上找出对应的浓度 C_x 值。

2. 标样计算法　在实验测定过程中，常按与测定液相同的方法配制一已知浓度的标准液，把已知浓度的标准液和未知浓度的测定液，分别在分光光度计上读取吸光度 A 或

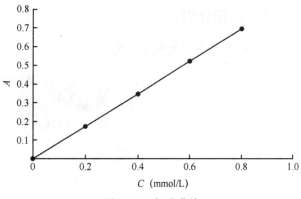

图1-2-5　标准曲线

光密度 D，再根据式（1-2-4）得

标准管的吸光度：$A_标 = K_标 C_标 L_标$

未知管的吸光度：$A_未 = K_未 C_未 L_未$

上二式中，$C_标$、$C_未$ 为已知浓度的标准液和未知浓度的测定液中测定物的浓度，当盛标准液和测定液的吸收池的内径相同（即 $L_未 = L_标$）时，则上式可写成：

$$\frac{A_标}{K_标 C_标} = \frac{A_未}{K_未 C_未} \qquad (1\text{-}2\text{-}6)$$

又因标准液和测定液为同一性质的溶液，配制方法亦相同，只是测定物的浓度不同，故 $K_标 = K_未$，故式（1-2-6）可写成：

$$\frac{A_标}{C_标} = \frac{A_未}{C_未}$$

$$C_未 = A_未 \times \frac{C_标}{A_标} \qquad (1\text{-}2\text{-}7)$$

（三）测定条件的选择

1. 选择适当的入射光波长 测定溶液物质种类不同，对光线有不同的吸收作用，一种物质仅对某一种波长的光线具有最大吸收能力，在此波长下测定得到的吸光度灵敏度最高，且一般具有较好的稳定性。若在最大波长时有共存组分的干扰，则应考虑选择灵敏度稍低但能避免干扰的入射光波长。

2. 选择合适的参比溶液 参比溶液是用来扣除溶液中除待测组分以外的其他所有物质在测量中对光的干扰性吸收，使测得的吸光度真正反映待测溶液的吸光度，提高比色分析的准确度。参比溶液的选择一般遵循以下原则。

（1）若待测溶液与显色剂均无色，仅待测组分与显色剂反应后的产物有吸收，可用纯溶剂（水）作参比溶液。

（2）若显色剂与其他所加试剂在测定波长处略有吸收，而待测溶液本身无吸收，则可以按待测溶液操作步骤取相同体积的试剂和显色剂，并稀释至相同体积，即"试剂空白"（不加待测溶液）作参比溶液。

（3）若待测溶液在测定波长处有吸收，而显色剂等无吸收，则可用"试样（即待测溶液）空白"（不加显色剂）作参比溶液。

三、仪器介绍

V1100 型可见分光光度计见图 1-2-6。

图 1-2-6　V1100 型可见分光光度计

技术参数见表 1-2-1。

表 1-2-1 技术参数

项目	参数
波长范围	$325 \sim 1000nm$
波长准确度	$\pm 2nm$
光谱带宽	4nm
波长重复性	1nm
杂散光	$\leqslant 0.5\%T @ 340nm$
光度准确度	$\pm 0.5\%T$
光度重复性	$\leqslant 0.3\%T$
稳定性	$\pm 0.004A/h @ 500nm$
工作方式	T,A,C
显示范围	$0 \sim 200\%T$,$-0.3 \sim 3A$
显示系统	128×64 位液晶显示器
调零方式	自动
外形尺寸	$480mm \times 360mm \times 160mm$
重量	12kg

四、操作

1. 插上电源，打开开关，使仪器预热 30min。

2. 根据实验要求，转动波长手轮，调至所需要的单色波长。

3. 打开样品室盖，依次放入黑管、空白管、待测溶液。

4. 轻轻盖上样品室盖，按"MODE"键切换到 T 挡，将黑管推入光路，按"0%T"键使显示器上显示读数为"000.0"。

5. 将空白管推入光路，按"100%T"键使读数为"100.0"，然后按"MODE"键切换到 A 挡时，读数应为"0.000"。

6. 拉动试样架拉手，使待测的各溶液依次推入光路，显示器上所示数值则为其吸光度值。

五、注意事项

1. 装入待测液或空白液时，溶液必须达到吸收池高度的 2/3 左右，若不慎溢出，务必用滤纸吸干吸收池外面液体，再用绸布擦干后，才能放入比色槽内。

2. 要注意保护吸收池的进出光面，使其不受损坏或产生划痕，否则影响透光度。不要用手、滤纸、毛刷等擦拭吸收池的进出光面，以免损坏或磨毛。

3. 每台仪器所配套的吸收池不能与其他仪器上的吸收池单独调换。

4. 比色完毕后，用蒸馏水冲洗吸收池，洗净后，可将其倒置晾干。

5. 在托运或移动仪器时，要注意小心轻放。

6. 避免仪器受潮。

六、思考题

1. 用分光光度法对未知浓度的测定液进行定量测定时，为什么要设置标准液？标准液和测定液之间是什么关系？

2. 标样计算法和标准曲线法各有哪些优缺点？这两种方法分别适用于哪种情况？

（谢　茜）

第三章 离心技术

生物化学实验中，常常需要对成分复杂的生物样品进行分离，并纯化其组分，电泳、层析及离心等有效的生物化学分离方法是生物化学的基本实验技术。离心技术是利用物质的沉降系数或浮力密度差异，使得在离心力场中做旋转运动的物质颗粒因沉降速度不同而分离的一种技术。离心技术在生物化学与分子生物学实验中应用非常广泛，常常与电泳、层析等技术相结合，进行物质的精确提取与纯化。本章将着重介绍离心技术的基本原理、离心机的分类和基本构造、离心分离方法及操作注意事项等内容。

一、离心技术的基本原理

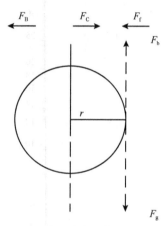

生物样品混悬液中，悬浮的物质颗粒在做匀速圆周运动时，由于受到离心力（F_c）、颗粒与介质间产生的摩擦阻力（F_f）、与离心力方向相反的浮力（F_B）、重力（F_g）和与重力方向相反的浮力（F_b）的共同作用，物质颗粒以一定速度沉降，从而与溶液分离（图1-3-1）。其中重力（F_g）和与其方向相反的浮力（F_b）远远小于离心力，可以忽略不计。因此，在离心力场中，物质颗粒所受的作用力主要包括离心力（F_c）、浮力（F_B）和摩擦阻力（F_f）。颗粒的沉降速度与颗粒的质量、固液相对密度差、颗粒的大小与形状、沉降介质的黏滞力等因素密切相关。

图1-3-1 离心产生的作用力示意图

（一）离心力（centrifugal force）

粒子（生物大分子或细胞器）在一定角度速度下高速旋转时受到向外的离心力作用，离心力的方向为颗粒离开轴心的方向，与向心力方向相反。离心力（F_c）的大小由式（1-3-1）表示：

$$F_c = ma = m\omega^2 r \qquad (1\text{-}3\text{-}1)$$

式中，a 为离心加速度，用 $\omega^2 r$ 表示；m 为沉降粒子的有效质量，以克为单位；ω 为粒子旋转的角速度，以弧度/秒为单位；r 为粒子的旋转半径，以厘米为单位。

1. 相对离心力（relative centrifugal force，RCF） 由于实验时采用的各种离心机转子的半径不同或离心管至转轴中心的距离不等，处于不同位置的物质颗粒所受到的离心力也有所不同。因此，为了真实地反映颗粒在离心管内不同位置受到的离心力及其动态变化，实验方法中常用 RCF 来表示离心力大小。只要 RCF 不变，相同的生物样品混悬液在不同的离心机上可得到相同的分离结果。RCF 为地球引力的倍数，见式（1-3-2），或者用数字乘"g"来表示。

$$RCF = F_c / F_g = ma / mg = m\omega^2 r / mg = \omega^2 r / g$$
$$\omega = (2\pi \times rpm) / 60 \qquad (1\text{-}3\text{-}2)$$
$$RCF = 1.119 \times 10^{-5} \times (rpm)^2 r$$

式中，r 为粒子的旋转半径（cm）；g 为重力加速度（$980cm/s^2$）；rpm（revolutions per minute）为转子的转速（r/min）。表示离心力时，低速离心时常以转速 "rpm" 来表示，高速离心时则以 "g" 来表示。科技文献中离心力的数据通常是指其平均值（RCFav），即离心管中点的离心力。

实验时也可利用由 Dole 和 Cotzias 制作的反映转速（rpm）、旋转半径（r）和相对离心力（RCF）三者关系的转换列线图（图 1-3-2）。使用该图进行换算时，先在离心机半径标尺上取已知的离心机半径（r）和在转速标尺上取已知的离心机转速（rpm），然后将这两点连成一条直线，直线与 RCF 标尺的交叉点，即为相对离心力数值。

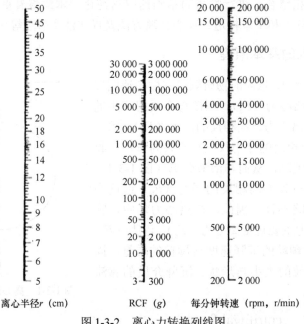

图 1-3-2　离心力转换列线图

2. 浮力　离心力场中颗粒受到的重力及与重力方向相反的浮力可以忽略不计，但与离心力方向相反，颗粒排开周围介质产生的相对浮力必须进行计算。公式见式（1-3-3）：

$$F_B = \frac{m}{\rho_p}(\rho_m)\omega^2 r = \frac{\rho_m}{\rho_p}m\omega^2 r \tag{1-3-3}$$

式中，ρ_p 为颗粒密度（g/cm^3）；ρ_m 为介质密度（g/cm^3）；m/ρ_p 为介质的体积，$m/\rho_p(\rho_m)$ 为颗粒排开介质的质量。

（二）摩擦阻力

摩擦阻力（F_f）可用斯托克斯（Stockes）阻力公式表示：

$$F_f = 6\pi\eta \cdot r_p(dR/dt) \tag{1-3-4}$$

式中，η 是介质的黏滞系数（厘泊，cP）；r_p 是颗粒的半径（cm）；dR/dt 是颗粒在介质中的沉降速度（cm/s），即单位时间内颗粒沉降的距离。Stockes 阻力公式只适用于球形颗粒，在 Stockes 阻力公式基础上乘以摩擦系数比，可用于计算椭圆形颗粒的摩擦阻力。

$$F_f = 6\pi\eta \cdot r_p(dR/dt) \cdot (f/f_0) \tag{1-3-5}$$

式中，f_0 为球形摩擦系数，f 为同球形等体积的扁球形或椭球形颗粒的摩擦系数。f/f_0 越大，摩擦阻力越大，因此，颗粒偏离球形越明显，阻力也越大。

（三）沉降速度

颗粒在离心机中高速旋转时，其受到的离心力与摩擦阻力和浮力方向相反，当颗粒运动的加速度为零时，沉降速度为恒速运动。此时 $F_c = F_B + F_f$，将式（1-3-1）、式（1-3-3）、式（1-3-4）代入本式，可得到沉降速度的计算公式：

$$V = \frac{d^2(\rho_p - \rho_m)}{18\eta(f/f_0)}\omega^2 r \tag{1-3-6}$$

上式中，$d = 2r_p$。由此可见，颗粒的沉降速度与颗粒直径的平方、颗粒密度与介质密度差值，以及离心加速度（$\omega^2 r$）呈正相关，而与介质的黏滞度、颗粒摩擦系数比值成反比。当颗粒密度大于周围介质密度时，颗粒沉降速度大；反之颗粒密度低于周围介质密度时，颗粒朝向轴心方向移动，沉降速度变慢而漂浮。在离心加速度不变的情况下，颗粒的沉降速度取决于颗粒直径大小、颗粒密度及颗粒的形状。

二、离心机的分类和基本构造

离心机是利用转子高速旋转所产生的离心力，分离液体与固体颗粒或混合物中不同组分的仪器。离心机的种类繁多，依据用途不同，可将离心机分为工业用离心机和实验用离心机。

依据离心机的额定最高转速（为离心机空载情况下的最大转速），可将实验用离心机分为低速离心机（额定最大转速低于 6000r/min）、高速离心机（额定最大转速低于 25 000r/min）和超速离心机（额定最大转速高于 30 000r/min）；分离时如需设定温度条件，可依实验要求选择冷冻离心机或普通离心机，冷冻离心机带有制冷系统，能够将温度控制至最低−20℃，普通离心机则不带制冷系统；此外，离心机如带有光学系统，则称为分析型离心机。分析型离心机都是超速离心机，在分离物质的同时，还可通过光学系统分析物质的纯度、形状和分子量。与分析型离心机不同，制备型离心机主要用于分离各种生物材料。

目前，实验室常用的电动离心机有普通离心机、冷冻离心机（包含分析、制备两用冷冻离心机）。其中以普通离心机和高速冷冻离心机的应用最为广泛，是生物化学实验室制备生物大分子必不可少的仪器。在选择不同类型或型号的离心机时，必须考量离心机的转速、容量、转子的类型以及温度条件、控制系统等因素，以满足实验要求。一般而言，要求较高的实验，如蛋白质、核酸的分离纯化等，多选择容量和转速精确的精密离心机进行操作。而分离细胞、反应沉淀等则可选用普通离心机。

（一）常用离心机的分类

1. 普通离心机 实验室常用的普通离心机有小型台式和落地式两类，其转速多为 6000r/min 左右，最大相对离心力小于 6000×g，容量从几十毫升至几升不等，分离形式为固液沉降分离，主要用于分离易沉降的大颗粒物质，如细胞、细胞碎片、培养基残渣等。

普通离心机配有驱动电机、调速器、定时器等装置，其转子多为角式和水平式两类。离心机的转速在 2000r/min 以下时，空气与旋转转头之间的摩擦只产生少量的热，因此，普通离心机多不带制冷系统，于室温下进行操作。此外，普通离心机的转速用电压调压器调节，启动电流大，速度升降不均匀，转头多置于一个硬质钢轴上，使用时必须精确地平衡离心管及其内容物，否则容易损坏离心机。

2. 高速冷冻离心机　高速冷冻离心机的最大转速为 20 000～25 000r/min，相对离心力为（10 000～100 000）×g，最大容量可达 3L，分离形式也是固液沉降分离，主要用于微生物、细胞碎片、大的细胞器、反应沉淀物以及免疫沉淀物等的分离。

高速冷冻离心机装配有驱动电机、定时器、调整器（速度指示）和制冷系统（温度可调范围为−20～40℃），其制冷系统可消除高速旋转转头与空气之间摩擦而产生的热量，使离心室的温度严格准确地控制在 0～4℃。高速离心机所用角式转头均用钛合金和铝合金制成，可依据离心物质所需选择不同容量和不同转速的转头。高速离心时多选用聚乙烯硬塑料制成的离心管。

3. 超速离心机　超速离心机的最大转速可为 50 000～80 000r/min，相对离心力可达510 000×g，离心容量为几十毫升至 2L。分离的形式是差速沉降分离和密度梯度区带分离，主要用于蛋白质、核酸及细胞器、病毒的分离纯化，并可对生物大分子的纯度、沉降系数以及分子量进行测定。

超速离心机主要由驱动和速度控制、温度控制、真空系统和转头四部分组成。其驱动和速度控制系统较为精密，驱动电机通过调频电机直接升速或经变速齿轮箱升速。速度控制系统和过速保护系统可调节转头的不平衡，并防止转速超过转头额定最大转速而引起转头的撕裂或爆炸损伤。超速离心机通过红外线射量感受器监测离心室的温度，因而具备更准确更灵敏的特点。超速离心机装有真空系统，这是它与高速离心机的主要区别。离心机转速超过 20 000r/min 时，空气与超速旋转的转头之间摩擦产生的热量显著增大，如转速高于 40 000r/min，由摩擦产生的热量则会损伤驱动电机等装置，因此，超速离心机除装配有冷却驱动电机系统（风冷、水冷）外，操作时还需封闭离心室，并由机械泵和扩散泵串联工作的真空泵系统将离心室抽成真空，最大限度地降低摩擦力，才能达到所需的超高转速。超速离心机的转头由高强度钛合金制成，可依据需求改换不同容量和不同型号的转速转头。

（二）离心机的转子分类

最常用的离心机转子有以下两种。

1. 水平转子　又称为荡平式转子，这种转子是由自由活动的吊桶（离心套管）构成。转头静止时，吊桶垂直悬挂，而当转头转速达到 200～800r/min 时，吊桶逐渐荡至水平位置，与转轴成直角，样品将沉淀集中于离心管的底部，有利于离心后从管内分层取出密度不同的各样品带，因此，水平转子最适用于密度梯度离心。但其缺点为物质颗粒沉降距离较长，离心所需时间也较长。

2. 角转子　是离心容器的中心轴与转轴呈一固定角度的转头。角转子由一块完整的金属制成，转子上有 4～12 个装离心管用的孔穴，称为离心管腔，离心管腔的中心轴与转轴之间的角度多为 20°～40°，角度越大沉降越结实，分离效果越好。角转子的优点是具有较大的容量，且重心低，运转平衡，寿命较长。颗粒在沉降时先沿离心力方向撞向离心管，然后再沿管壁滑向管底，因此样品多沉淀集中于离心管底部及靠近底部的侧壁，此现象称为"壁效应"，壁效应容易使沉降颗粒受突然变速所产生的对流扰乱，影响分离效果。

除以上两种转子外，一些特殊实验或特殊样本离心时还需要选择特殊的转子，如酶标板转子、载玻片转子、PCR 转子、试管架转子和毛细管转子等。

三、离心分离方法

根据物质的沉降系数或浮力密度差异，通常在生物化学实验中采用不同的离心方法对混合样品中的单一组分进行分离。

（一）差速离心法

差速离心法是通过逐渐增加相对离心力，或通过低速和高速交替进行离心，使沉降速度不同的颗粒，在不同的离心速度及不同的离心时间下进行分批分离的方法。

差速离心法须多次离心。每次离心操作前，首先确定相应的离心条件，包括颗粒沉降所需的离心力和离心时间。一般从较小的离心力和较短的离心时间开始，第一次离心后在离心管的底部得到最大和最重颗粒的沉淀，分离沉淀与上清液，让含有较小较轻颗粒的上清液在加大离心速度及延长离心时间的条件下再次离心，可得到第二部分较大较重颗粒的沉淀及含较小和较轻颗粒的上清液，如此多次离心处理，即能把液体中沉降速度不同的颗粒分离开（图 1-3-3）。但应注意的是，每次离心分离得到的沉淀是不均一的，仍含有其他成分，因此每次分离的沉淀还需经过 2～3 次的再悬浮和再离心，才能得到较纯的颗粒。

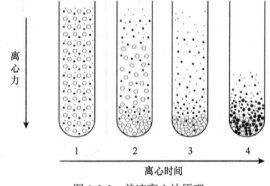

图 1-3-3 差速离心法原理

差速离心法一般用于分离沉降系数相差较大的颗粒，如组织匀浆液中分离细胞器或分离病毒。该方法的优点是：操作简便，离心后用倾倒法即可将上清液与沉淀分开，并可使用容量较大的角转子。缺点是：由于多次离心，且沉淀不均一，因此分离效果较差，不能一次得到纯颗粒。此外，在离心力过大或离心时间过长的情况下，容易导致沉淀于离心管底部的颗粒（如细胞）受挤压而失活。

（二）密度梯度离心法

密度梯度离心法是用一定的介质在离心管内形成一连续或不连续的密度梯度，在一定的离心力下把不同颗粒分配到梯度中某些特定位置上，从而分层、分离形成不同区带的分离方法，故又称区带离心法。

密度梯度离心法具备如下优点：分离效果好，可一次获得较纯颗粒；应用广泛，密度梯度离心法既能分离具有沉降系数差的颗粒，也能将具有浮力密度差的物质进行分离；沉降在管底的颗粒不会挤压变形，能保持颗粒活性，并防止已形成的区带由于对流而引起混合。密度梯度离心法也存在如下缺点：离心时间较长；制备惰性梯度介质溶液较困难；操作复杂，不易掌握。

根据离心介质的密度梯度不同，密度梯度离心法又可分为差速离心法和等密度离心法两种。

1. 差速离心法 使存在沉降系数差的颗粒，在一定的离心力作用下以不同的速度沉降，最终在密度梯度介质的不同区域上形成区带的方法称为差速离心法。

离心前，先在离心管内加入密度梯度介质溶液（如蔗糖、甘油、氯化铯等），再将待分离的样品混悬液以很薄的一层加在梯度介质溶液的顶部。样品的密度要大于梯度介质的密度。离心时，样品中不同组分颗粒受到离心力和重力的共同作用，离开原样品层，按不同沉降速度沉降，离心进行一段时间后，不同组分逐渐分开，形成数个界面清楚的不连续区带（图1-3-4）。在混合样品中，沉降系数越大的组分，沉降速度越快，在离心管中的区带位置越低。区带形成的位置和宽度取决于离心时间长短、样品组分的数量、梯度的斜率、颗粒的均一性和扩散速度等因素。其中离心时间是影响分离效率的关键因素之一，离心时间越长，形成的区带越宽。但离心必须在沉降最快的大颗粒到达管底前结束，否则沉降的区带可能产生融合。

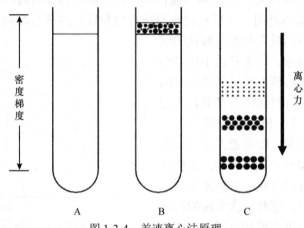

图 1-3-4   差速离心法原理

A. 于离心管内加入密度梯度介质；B. 样品铺在梯度介质顶部；C. 在离心力作用下，不同颗粒因沉降速率差分离形成不同区带

密度梯度离心法主要用于分离有一定沉降系数差的颗粒（不需要像差速离心法所要求的较大的沉降系数差）或分子量相差3倍的蛋白质。大小相同、密度不同的颗粒不能用此法分离。

2. 等密度离心法   可分为预制梯度等密度离心法和自成梯度等密度离心法两种。离心介质的密度梯度可以预制形成，也可以经离心后自成梯度。

（1）预制梯度等密度离心法：离心管中预先加入梯度介质（常用蔗糖、氯化铯等），待分离样品铺在介质顶部，样品的密度应小于顶部的梯度密度。离心时，由于样品的不同颗粒具有浮力密度差，在离心力场中，颗粒沉降或上浮，一直移动到与它们的密度恰好相等的特定梯度位置（即等密度点）上，形成数个不同的区带，这就是等密度离心法。处于等密度点上的颗粒没有重量，体系达到平衡状态后，再延长离心时间和提高转速均不再改变区带的性状、位置。此法离心所需时间以最小颗粒到达等密度点（即平衡点）的时间为基准，有时长达数日，离心过程中提高转速可以缩短达到平衡的时间。

（2）自成梯度等密度离心法：与预制梯度等密度离心法不同的是，自成梯度等密度离心法不需预制介质的密度梯度，而是先将待分离样品与介质混合，介质的密度是在离心过程中形成的（图1-3-5）。因此，此法离心时不能选择蔗糖、甘油等难以自成梯度的材料，必须选择氯化铯、硫酸铯等可经长时间离心形成线性梯度的材料。此法离心时间既包括梯度介质形成密度梯度达到平衡的时间，也包括样品颗粒移动到等密度点所需的时间，故离心时间较长。离心时间与离心管内液柱长短有关，也与梯度材料的扩散系数有关。

等密度离心法的分离效率取决于样品颗粒的浮力密度差，密度差越大，分离效果越好，与颗粒大小和形状无关，但大小和形状决定着达到平衡的速度、时间和区带宽度。

密度梯度离心法收集区带的方法有许多种，包括用注射器和滴管由离心管上部吸出；用针刺穿离心管区带部分的管壁，把样品区带抽出；将一根细管插入离心管底，从细管泵入大于梯度介质最大密度的取代液，将样品和梯度介质压出，并用自动部分收集器收集。

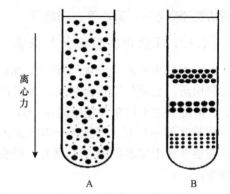

图 1-3-5　等密度离心法原理
A. 于离心管内加入混合密度梯度介质和样品；B. 在离心力作用下，不同颗粒移动至等密度点，体系平衡

四、离心操作注意事项

生物化学实验教学和生物化学科研实验中，常使用高速离心机与超速离心机等精密设备，这两类离心设备的转速高，产生的离心力大，如使用不当或缺乏定期的检修和保养，可导致严重事故发生，因此，必须熟悉离心机的使用说明，严格遵守操作规程。

（一）精密平衡离心管及其内容物

平衡是保证分离效率及保护离心机转头的重要因素。使用各种离心机时，必须事先用天平精密地平衡离心管和其内容物，平衡时重量之差不得超过各个离心机说明书所规定的范围。超速离心机多附有不同转头，请注意不同转头各自的允许差值。转头中绝对不能装载单数的管子。当转头未装满时，离心管必须安放在转头的对称位置上，不能错位，以便使负载均匀地分布在转头的周围，防止因离心力不对称而损伤离心轴。离心机的套筒也不能混用，否则也会导致转头不平衡。

（二）选择合适的离心管

根据待离心液体的性质及体积选择合适的离心管。装载液体时，要按照离心机的操作说明进行。无盖的离心管，不得加入过多的液体，防止离心时液体甩出，造成转头不平衡、生锈或被腐蚀。但使用制备型超速离心机时，则常常要求在带盖的离心管中装满液体，以免离心时塑料离心管的上部凹陷变形。

（三）选择合适的转头

离心机的每个转头各有其额定最高转速和使用累积时限，使用转头时要查阅说明书，绝对不允许超过额定转速使用。每一转头都要有一份使用档案，记录累积的使用时间，若超过了该转头的最高使用时限，则必须按规定降速使用。

（四）严格按照操作程序完成工作

平衡的离心管对称放好后，盖好离心机盖（使用超速离心机时一定要旋紧离心机转头盖的旋钮），打开电源，转动速度调节旋钮，逐步增加到所需要的离心速度，计算离心时间。离心达到所需时间后，再转动速度调节旋钮减速。待离心机自然停止转动后再打开盖子，取出离心管。操作完成后，关闭离心机电源，拔掉电源插头，并在每次使用后清洁整理离心机、离心管、套筒等。

（五）注意转头的保护与保养

转头是离心机中应重点保护的部件。离心时防止液体甩出，使转头生锈或腐蚀。每次使用后，必须仔细检查转头，及时用温水清洗转头，清洗时勿用去污剂，以免腐蚀转头。清洗后擦干转头并在室温中干燥。搬动离心机时要小心，不能碰撞，避免造成伤痕，转头长时间不用时，要涂上一层光蜡保护，严禁使用显著变形、损伤或老化的离心管。若需要在低于室温的温度下离心，转头在使用前应放置在冰箱或置于离心机的转头室内预冷。

（六）其他注意事项

离心过程中不得随意离开，应随时观察离心机上的仪表是否正常工作，如有异常的声音应立即停机检查，及时排除故障。

（陈小凤）

第四章 电泳技术

电泳是生物化学与分子生物学常用实验技术，1809年俄国物理学家进行了第一次电泳实验，距今已有200余年历史。电泳技术常被用来分离、分析或少量制备蛋白质、酶、核酸等生物大分子，广泛应用于生产、科研和医疗工作中。它具有样品用量少、分辨率高、便于观察、设备简单、易于操作等特点。

一、电泳原理

（一）概念

电泳是指带电粒子在电场中朝着与其电荷性质相反的电极迁移的现象。带正电荷的粒子在电场中向负极迁移，带负电荷的粒子则向正极迁移（图1-4-1）。理论上讲，凡是带电粒子均可通过某一电泳技术进行分离，并可进行进一步的定性或定量分析。

图1-4-1 电泳现象

（二）电泳迁移率

带电粒子的迁移方式主要受以下3种因素影响：①带电粒子的分子量和形状；②带电粒子的电荷性质和电荷量；③带电粒子的理化特性。

由于上述三种因素的差异，不同的带电粒子在电场中的迁移行为是不一样的，在一定的电场中，它们的移动方向和移动速度不同，即电泳迁移率不同，利用这种差异，可以达到分离的目的。

电泳迁移率（mobility，m）：指在电位梯度（E）的影响下，带电粒子在时间（t）中迁移的距离（d）。如下式：

$$m = \frac{d}{t \cdot E} \quad 或 \quad m = \frac{V}{E} \tag{1-4-1}$$

二、电泳分类

电泳技术按照工作原理可分为移动界面电泳、区带电泳和稳态电泳。

移动界面电泳的特点是带电粒子能在溶液中自由移动，但由于扩散性高、分离效果差，故目前已很少使用。

区带电泳是在某一固体支持介质上将待分离的混合物分离成若干区带的电泳过程。区带电泳由于样品量少、分辨率高、设备简单等优点，是目前应用最为广泛的电泳技术。区带电泳根据支持介质、装置形式、pH连续性等不同，可再被细分（表1-4-1、图1-4-2、图1-4-3）。

表 1-4-1　区带电泳分类

分类方式	名称
支持介质	纸电泳
	乙酸纤维素薄膜电泳
	琼脂糖凝胶电泳
	聚丙烯酰胺凝胶电泳
装置形式	水平电泳
	垂直电泳
pH 连续性	连续 pH 电泳（如纸电泳、乙酸纤维素薄膜电泳）
	非连续 pH 电泳（如聚丙烯酰胺凝胶电泳）

稳态电泳是指当带电粒子的迁移在一定时间内达到稳态后，其带宽不随时间而改变，如等电聚焦电泳、密度梯度电泳等。

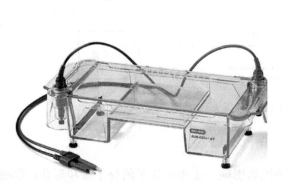

图 1-4-2　水平电泳槽　　　　　　图 1-4-3　垂直电泳槽

三、影响电泳迁移率的因素

（一）颗粒自身因素

颗粒在电场中的迁移率与颗粒电荷情况、颗粒大小和颗粒形状等有关。颗粒电荷量多、直径小而接近于球形，在电场中泳动速度快，迁移率大；反之则泳动速度慢，迁移率小。迁移率与颗粒表面的电荷量成正比，与颗粒半径成反比。

（二）外界因素

影响颗粒在电场中迁移率的外界因素包括电场强度、pH、离子强度、电渗现象、温度、支持物等。

1. 电场强度　电场强度又称电位梯度，是指在匀强电场里，单位长度（每厘米）支持物体上的电势差，它对电泳迁移率起着十分重要的作用。

一般来说，电场强度越高，带电颗粒的泳动速度越快。但如果电场强度过高，会使产热增加，出现蛋白质变性、样品和缓冲液扩散、条带增宽等问题。反之，如果电场强度过低，扩散会减少，但电泳时间则会增加。因此，当需要增大电场强度以缩短电泳时间时，需有冷却装置。

2. pH 溶液的 pH 决定了带电颗粒的解离程度和电荷量。pH 距离其等电点越远，其荷电量就越大，泳动速度也就越快；但是过高或过低的 pH 容易引起蛋白质变性。

3. 离子强度 缓冲液通常要保持一定的离子强度。离子强度过低，则缓冲容量低，不易维持 pH 恒定；离子强度过高，在待分离分子周围会形成较强的带相反电荷的离子扩散层，即离子氛（ionic atmosphere），离子氛使该离子向相反的方向运动，从而降低该粒子的迁移率（图1-4-4）。一般所用离子强度为 0.02～0.2mol/L。

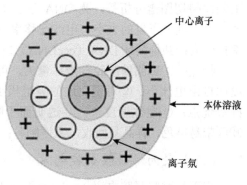

图 1-4-4 离子氛

4. 电渗现象 在电场中液体对固体支持物的相对移动称为电渗现象。当电渗方向与电泳方向一致时，会加快颗粒的泳动速度；反之，当两者方向相反时，会减慢颗粒的泳动速度（图1-4-5）。

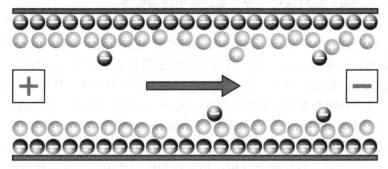

图 1-4-5 电渗流

5. 温度 电泳过程中由于通电产生焦耳热使温度升高，温度对电泳有很大影响。温度每升高 1℃，迁移率约增加 2.4%。为降低热效应对电泳的影响，可通过控制电压或电流减少产热，或在电泳系统中安装冷却散热装置。

6. 支持物 对支持物的要求一般是要均匀且吸附力小，否则会导致电场强度不均匀，影响区带的分离，使实验结果及扫描图谱无法重复。

四、常见电泳技术

（一）乙酸纤维素薄膜电泳

乙酸纤维素薄膜电泳是以乙酸纤维素薄膜作为支持物的电泳技术。广泛用于血清蛋白、血红蛋白、球蛋白、脂蛋白、糖蛋白、甲胎蛋白、同工酶等的分离分析，它的分辨率虽比聚丙烯酰胺凝胶电泳低，但具有操作简单、快速等优点。

特点：①电泳后区带界限清晰；②电泳时间较短；③对各种蛋白质几乎不吸附，无拖尾现象；④样品用量少，灵敏度高；⑤对染料也没有吸附，因此未结合的染料能完全洗掉，背景干净；⑥它的电渗作用虽强但很均一，并不影响样品的分离效果；⑦乙酸纤维素薄膜吸水量较低，因此应使用较低的电流，并在密闭的容器中进行电泳，避免蒸发。

（二）琼脂糖凝胶电泳

琼脂糖是从琼脂中提取出来的，是由半乳糖和 3,6-脱水-L-半乳糖相互结合形成的链状多糖，因其所含硫酸根比琼脂少，因而分离效果明显提高。

琼脂糖凝胶电泳主要用于分离、鉴定核酸，如 DNA、RNA 鉴定及混合物分离，DNA 限制性酶切图谱分析等，为 DNA 分子及其片段分子量测定、DNA 分子构象分析等的重要手段。其分子量的大小与电泳迁移率呈负相关，而不同分子构象的 DNA，其电泳迁移率排序为：共价闭环 DNA（cccDNA）＞直线 DNA＞开环的双链环状 DNA。

特点：①琼脂糖凝胶含液体量大，可达 98%～99%，近似自由电泳，但样品的扩散度比自由电泳小；②对蛋白质的吸附极少；③具有均匀、区带整齐、分辨率高、重复性好等优点；④电泳速度快；⑤透明而不吸收紫外线，可直接以紫外线检测作定量分析；⑥区带易染色，样品易回收，方便制备；⑦琼脂糖凝胶中有较多硫酸根，电渗作用强。

（三）聚丙烯酰胺凝胶电泳

聚丙烯酰胺凝胶电泳（polyacrylamide gel electrophoresis，PAGE）是以聚丙烯酰胺凝胶作为支持介质的电泳方法，广泛应用于蛋白质、酶、核酸等生物分子的分离、定性与定量分析及少量制备，还可应用于分子量、等电点测定等。

1. 特点 ①几乎无电渗作用；②化学性能稳定，不与被分离物质发生化学反应，对 pH 和温度变化也较稳定；③在一定浓度范围内凝胶无色透明、有弹性、机械性能好，故易观察、易操作；④凝胶孔径可调，适合不同分子量物质的分离；⑤分辨率高，尤其在不连续凝胶电泳中，集浓缩效应、分子筛效应和电荷效应为一体，具有更高的分辨率。

2. 原理 聚丙烯酰胺凝胶是由丙烯酰胺（Acr）单体和交联剂双丙烯酰胺（Bis）在催化剂的作用下经聚合交联而形成的网状结构（图 1-4-6，图 1-4-7）。催化剂包括引发剂和加速剂两部分。在形成凝胶的聚合反应中，引发剂提供初始自由基，通过自由基的传递，使丙烯酰胺成为自由基，发动聚合反应；加速剂的作用是加快引发剂释放自由基的速度。凝胶的筛孔大小、机械强度及透明度等在很大程度上是由凝胶浓度和交联度决定的。

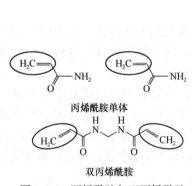

图 1-4-6 丙烯酰胺与双丙烯酰胺

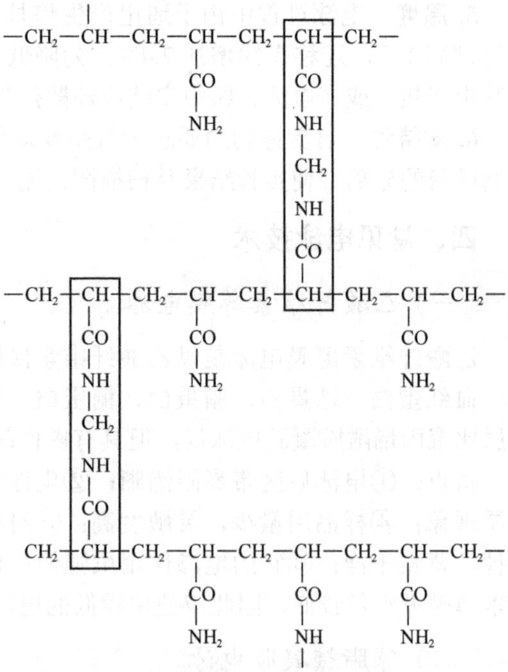

图 1-4-7 聚丙烯酰胺凝胶的网状结构

表 1-4-2 分子量范围与凝胶浓度范围

	分子量范围（Da）	适用凝胶浓度（%）
蛋白质	$< 1 \times 10^4$	$20 \sim 30$
	$1 \times 10^4 \sim 4 \times 10^4$	$15 \sim 20$
	$4 \times 10^4 \sim 1 \times 10^5$	$10 \sim 15$
	$1 \times 10^5 \sim 5 \times 10^5$	$5 \sim 10$
	$> 1 \times 10^5$	$2 \sim 5$
核酸	$< 1 \times 10^4$	$10 \sim 20$
	$10^4 \sim 10^5$	$5 \sim 10$
	$1 \times 10^5 \sim 2 \times 10^6$	$2 \sim 3.6$

凝胶浓度：每 100ml 凝胶溶液中所含丙烯酰胺单体和交联剂双丙烯酰胺的总克数称为凝胶浓度，用 $T\%$ 表示。

$$T\% = \frac{(a+b)}{m} \qquad (1\text{-}4\text{-}2)$$

式中，a 为丙烯酰胺克数；b 为双丙烯酰胺克数；m 为缓冲液体积（ml）。

交联度：凝胶溶液中交联剂占丙烯酰胺单体和交联剂总量的百分数称为交联度，常用 $C\%$ 表示。

$$C\% = \frac{b}{a+b} \qquad (1\text{-}4\text{-}3)$$

式中，a 为丙烯酰胺克数；b 为双丙烯酰胺克数。

3. 催化剂 有化学聚合和光聚合两种。

（1）AP-TEMED：属于具有化学聚合作用的催化剂。加速剂四甲基乙二胺（TEMED）的碱基可使引发剂过硫酸铵（AP）的水溶液产生游离氧原子，然后激活丙烯酰胺（Acr）单体，使单体聚合成长链，在交联剂（Bis）作用下再交联成网状结构。

（2）核黄素-TEMED：属于具有光聚合作用的催化剂。光聚合作用需要痕量氧原子存在时才能发生，核黄素在 TEMED 及光照条件下还原成无色核黄素，后者被氧再氧化形成自由基，从而引发聚合作用。

4. 应用 聚丙烯酰胺凝胶电泳根据其有无浓缩效应分为连续和不连续两类。前者指整个电泳系统中所用缓冲液、pH 和凝胶孔径都是相同的；后者是指在电泳系统中采用了两种或两种以上不同的缓冲液、pH 和凝胶孔径，不连续电泳能使浓度低的样品溶液在电泳过程中在进入分离胶之前先浓缩成层，从而提高分辨能力。在不连续 PAGE 系统里，存在三种物理效应：电荷效应、分子筛效应和浓缩效应（图 1-4-8）。

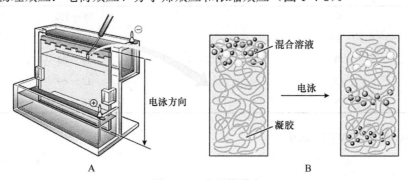

图 1-4-8 分子筛效应

5. 注意事项   ①大气中的氧能猝灭自由基，使聚合反应终止，因此在聚合过程中反应液必须与空气隔绝；②某些材料（如有机玻璃）能抑制聚合反应；③某些化学药物（如铁氰化钾）可能减慢反应速度；④温度高时聚合反应快，温度低时聚合反应慢。

（四）SDS-聚丙烯酰胺凝胶电泳

SDS-聚丙烯酰胺凝胶电泳（SDS-PAGE）是测定蛋白质分子量的常用技术。

原理：先使用阴离子去污剂和强还原剂使蛋白质分子中的氢键和二硫键断裂，蛋白质分子的亚基解聚、多肽链去折叠，各亚基均成为一个线性分子，电泳迁移率主要取决于亚基分子量的大小，而电荷因素可以被忽略。

十二烷基硫酸钠（SDS）是一种阴离子去污剂，能使蛋白质分子内和分子间的氢键断裂，强还原剂如 β-巯基乙醇和二硫苏糖醇能使蛋白质分子中半胱氨酸残基之间的二硫键断裂。经解聚和去折叠后形成的线性多肽链，其氨基酸残基的侧链充分与 SDS 结合，形成蛋白质-SDS 胶束，多肽结合 SDS 的量几乎总是与多肽的分子量成正比而与其序列无关，由于 SDS 携带大量的负电荷，蛋白质原来所带电荷可以被忽略。因此，SDS 多肽复合物在聚丙烯酰胺凝胶电泳中的迁移率只与多肽的大小有关，由此可以计算出该多肽链的分子量。

在达到饱和的状态下，每克多肽可与 1.4g 去污剂结合。当分子量在 $15 \sim 200 \text{kDa}$ 时，蛋白质的迁移率和分子量的对数呈线性关系，符合下式：

$$\lg MW = K - b \cdot mR \tag{1-4-4}$$

式中，MW 为分子量；mR 为相对迁移率；K 为截距、b 为斜率，二者均为常数。

若将已知分子量的标准蛋白质的迁移率对分子量对数作图，可获得一条标准曲线，将未知蛋白质在相同条件下进行电泳，根据它的电泳迁移率即可在标准曲线上求得其分子量。

SDS-PAGE 有连续和不连续两种系统。不连续系统中存在着以下 3 种不连续性：pH不连续、凝胶不连续、溶液离子组成不连续。样品在电泳过程中首先通过浓缩胶，在进入分离胶前由于等速电泳现象而被浓缩。进入分离胶后，由于聚丙烯酰胺的分子筛作用，小分子的蛋白质容易通过凝胶孔径，阻力小，迁移速度快；大分子蛋白质则受到较大的阻力而被滞后，这样蛋白质在电泳过程中就会根据各自分子量的大小而被分离。

对于不同分子量的蛋白质，其分离胶的浓度不同，见表 1-4-3。

表 1-4-3   SDS-PAGE 最佳分离范围

SDS-PAGE 分离胶浓度（%）	最佳分离范围（kDa）
6	$50 \sim 150$
8	$30 \sim 90$
10	$20 \sim 80$
12	$12 \sim 60$
15	$10 \sim 40$

SDS-PAGE 原理见图 1-4-9。

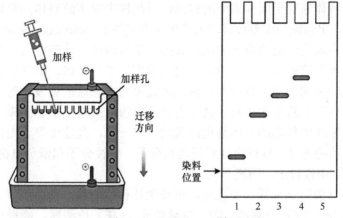

图 1-4-9 SDS-PAGE 原理

（五）等电聚焦电泳

等电聚焦电泳（isoelectric focus electrophoresis）是根据蛋白质的等电点不同进行分离的电泳技术。

原理：利用两性电解质载体形成一个连续而稳定的线性 pH 梯度，使 pH 由正极至负极逐渐升高，带电的蛋白质分子在迁移过程中，当到达其等电点区域时，其净电荷为零，蛋白质即停止迁移，因此蛋白质只能在等电点位置被聚焦成一条窄而稳定的条带。该种方法的分辨率高于常规的聚丙烯酰胺凝胶电泳。

（六）双向电泳

双向电泳（two-dimensional electrophoresis）是将等电聚焦电泳与 SDS-聚丙烯酰胺凝胶电泳结合起来的电泳技术。

原理：先通过第一向等电聚焦电泳，然后在它的直角方向再进行第二向 SDS-聚丙烯酰胺凝胶电泳，样品经过电荷和质量两次分离后，可以了解蛋白质的等电点、分子量等信息。

特点：经过双向电泳以后的结果不是带而是点，如果用坐标图表示，横坐标是等电聚焦电泳，其从左到右是等电点的增加；纵坐标是 SDS-聚丙烯酰胺凝胶电泳，从上到下是分子量的增加。双向电泳使分辨率得到极大提高，普通电泳技术只能分析 100 种蛋白质样品，而经双向电泳在一块 16cm×20cm 大小的凝胶上可以分离出 3000～4000 个不同的蛋白质点，甚至上万个可检测的蛋白质斑点。

（七）毛细管电泳

毛细管电泳（capillary electrophoresis，CE）又称高效毛细管电泳，是将经典电泳技术与现代微柱分离技术完美结合的产物。它以高压（可达 30 kV）下产生的强电场作为驱动力，以石英毛细管（内径 20～100μm，有效长度 50～75cm）作为分离通道，毛细管内装填缓冲液或凝胶。根据各种分子的电荷性质、质量、体积及形状等因素引起迁移速度不同而实现分离。

原理：在 pH＞3 的情况下，石英毛细管内壁表面带负电荷，当与液体接触时，毛细管内壁则因静电引力使其周围液体带正电荷，在液-固界面形成双电层，在高压电场的作用下，就会发生液体相对于固体表面的移动，引起柱中的溶液整体向负极移动，这种现象称为电渗现象，电渗现象中整体移动的液体称为电渗流（electroosmotic flow，EOF）。

电渗流的大小取决于电泳淌度和电场强度，电泳淌度是指带电离子在单位电场下的平均迁移速度，电渗流的速度是一般离子电泳速度的 5～7 倍。中性分子在电场中移动的方向与电渗流的方向一致，且向负极移动的速度与电渗流的速度相等。阴离子在电场中移动的方向与电渗流的方向相反，其速度等于电渗流的速度减去阴离子向正极移动的速度。阳离子在电场中移动的方向与电渗流的方向一致，其速度等于电渗流的速度加上阳离子向负极移动的速度。这样可使带正电荷分子、中性分子和带负电荷分子依次流出，依次完成阳离子、中性粒子、阴离子的分离。

在毛细管靠负极的一端开一个视窗，可安装各种检测器。目前已有多种灵敏度很高的检测器，如紫外（UV）检测器、激光诱导荧光（LIF）检测器、能提供三维图谱的二极管阵列检测器（DAD）以及电化学检测器（ECD）等。

特点：①毛细管电泳样品量少、分辨率高，使分析科学从微升水平进入纳升水平，使单细胞分析乃至单分子分析成为可能；②毛细管内径小、散热快，可以减少管内焦耳热的产生（即使在高压电场下，也不会像常规凝胶电泳那样使胶变性），分析速度快；③操作模式多（如毛细管区带电泳、胶束电动毛细管色谱、毛细管凝胶电泳、亲和毛细管电泳、毛细管等电聚焦电泳等）；④应用范围广、易于在线检测等。

应用：毛细管电泳可用于多种样品的检测，如血清、血浆、尿样、脑脊液等。毛细管电泳技术可用于多种组分的分离分析，如蛋白质/多肽/氨基酸、酶、核酸/核苷酸、糖类/糖蛋白、微量元素等的快速检测分析。该技术还可用于 DNA 序列分析、DNA 合成中产物的纯度鉴定等，甚至可用于碱性药物分子及其代谢产物分析、无机及有机离子/有机酸分析、单细胞分析、药物与细胞的相互作用研究、病毒分析等。

（肖　含）

第五章 层 析 技 术

一、层析技术的原理

层析技术是利用混合物中各组分的理化性质差异，通过各组分在层析系统的两相（固定相和流动相）分配不同，对各组分进行分离及测定的方法和技术。层析技术的基本原理是，基于各组分与两相的相互作用不同，当混合物随流动相向前移动时，各组分不断地在两相中进行再分配，因此，分步收集流出液，即可得到混合物中理化性质不同的单一组分。该技术最早于1903年由俄国植物学家茨维特建立，他将植物色素石油醚浸取液（流动相）通过碳酸钙吸附柱（固定相），再用石油醚洗脱，胡萝卜素、叶绿素和叶黄素吸附在柱上不同部位形成色谱，因而将该技术命名为色谱技术。

层析法是当代生物化学最常用的分析技术，相较于一般化学方法，其分辨率更高，能将混合物中性质相似的单一组分分离，可用于氨基酸、核苷酸、糖等多组分混合物的分离分析。

二、层析技术类别

（一）按固定相的使用形式分类

1. 柱层析法 将不溶性基质填充于柱内形成固定相，混合物随流动相通过固定相时，根据各组分在固定相和流动相的分配系数不同，经多次反复分配可将各组分分离（见第二篇 实验十九）。

2. 纸层析法 以滤纸吸留液体为固定相，让混合物随不与水相溶的流动相在滤纸上展开，根据混合物中各组分在固定相移动速度不同使其分离。

3. 薄层层析法 将吸附剂、载体等物质均匀涂铺在薄板上形成薄层（固定相），利用毛细管原理，让样品溶液中的各组分随流动相在薄层上展开，由于各组分理化性质差异导致的移动速度不同，可在薄层上得到分离开的各组分斑点（见第二篇 实验十八）。薄层层析法兼具了柱层析法和纸层析法的优点，适用于少量样品的分离。

4. 薄膜层析法 将适当的高分子有机吸附剂制成薄膜，类似纸层析法进行物质的分离。

（二）按层析原理分类

1. 吸附层析 指利用介质表面的活性分子或活性基团对流动相中不同溶质的吸附能力不同而对其进行分离的一种方法。

2. 分配层析 指待分离组分在固定相和流动相中不断发生吸附和解吸附的作用，在移动的过程中物质在两相中反复进行分配，利用被分离物质在两相中分配系数的差异而进行分离的一种方法。

3. 凝胶层析 指利用固定相的分子筛或排阻效应以分离分子大小不同的各组分的一种方法。本法的优点是所用凝胶属于惰性载体，吸附力弱，操作条件温和，不需要有机溶剂，对高分子物质有很好的分离效果。常用的凝胶有 Sephadex G 系列。凝胶层析可用于脱盐、分离提纯、测定高分子物质的分子量及高分子溶液的浓缩等。

4. 离子交换层析　利用固定相球形介质表面活性基团经化学键合方法，将具有交换能力的离子基团结合到固定相上面，这些离子基团可以与流动相中离子发生可逆性离子交换反应而进行分离的方法，称为离子交换层析。主要用于分离氨基酸、多肽及蛋白质，也可用于分离核酸、核苷酸及其他带电荷的生物分子。

5. 高效液相层析　指在经典液相层析法基础上，引进气相层析的理论而发展起来的一项快速分离技术。具有分辨率高、灵敏度高、可在室温下进行、应用范围广等优点。用于分离蛋白质、核酸、氨基酸、生物碱、类固醇和类脂等具有较大优势。根据流动相和固定相的相对极性，高效液相层析可分为正相和反相两种。

6. 亲和层析　利用待分离物质特异性结合配体的能力不同而达到分离目的的方法称为亲和层析。将能特异性结合的一对分子中的一方与不溶性载体共价结合作为固定相吸附剂，当含混合组分的样品通过此固定相时，只有和固定相分子特异性结合的物质，才能被固定相吸附结合，无关组分随流动相流出。其后改变流动相组分，可将结合的亲和物洗脱下来。亲和层析中所用的载体称为基质，与基质共价连接的化合物称为配基。具有专一亲和力的生物分子对主要有抗原与抗体、DNA 与互补 DNA 或 RNA、酶与底物、激素与受体、维生素与特异结合蛋白、糖蛋白与植物凝集素等。亲和层析可用于纯化生物大分子、浓缩稀释液、分离核酸等。

7. 金属螯合层析　利用固定相载体上偶联的亚氨基二乙酸为配基与二价金属离子发生螯合作用，结合在固定相上，二价金属离子可以与流动相中含有的半胱氨酸、组氨酸、咪唑及其类似物发生特异螯合作用而对其进行分离的方法，称为金属螯合层析。

8. 聚焦层析　利用固定相载体上偶联的两性电解质在层析过程中所形成的 pH 梯度，与流动相中不同等电点的分子发生聚焦反应进行分离的方法，称为聚焦层析。

（三）按流动相和固定相的状态不同分类

根据层析系统采用的流动相状态不同进行分类，大致可以分以下几类。

1. 气相层析　以气体作为流动相的层析方法，称为气相层析。根据固定相的状态不同又可将气相层析分为气-固层析和气-液层析。

2. 液相层析　以液体作为流动相的层析方法，称为液相层析。同理，根据固定相的性质不同又可以把液相层析分为液-固层析和液-液层析。

3. 超临界层析　是以流体为流动相的层析方法。它利用流动相溶剂分子的气态和在液态临界点的条件下进行分离，这种分离方法更具专一性。

三、常用层析技术

（一）薄层层析（thin-layer chromatography，TLC）

将作为固定相的支持剂均匀涂铺在玻板上形成薄层，或采用惰性支持物如微晶纤维素制成的薄板，把待分离的样品点在薄层上，然后用适宜的溶剂展开，由于各组分在固定相和流动相分配系数不同而使混合物得以分离的方法为薄层层析。薄层层析法是一种微量、快速、简便、分离效果良好的分离方法。它既可用于混合物的分离、提纯及含量的测定，也可鉴定提纯物质的性质。

依据支持剂的种类不同，薄层层析的分离原理可分为吸附、分配、离子交换、凝胶层析等（表 1-5-1）。其中基于吸附层析原理的薄层层析法应用最为广泛。以下主要介绍吸附薄层层析法。

表 1-5-1 薄层层析分类

支持剂	层析原理	可分离组分
纤维素	分配层析	氨基酸、染料
硅胶	吸附层析、分配层析	各种物质
氧化铝	吸附层析、分配层析	生物碱、固醇类
硅胶-氧化铝	吸附层析	染料、巴比妥酸盐
硫酸钙	吸附层析	脂肪酸、甘油酯
DEAE 纤维素	离子交换、分配层析	核酸、氨基酸
葡聚糖凝胶	凝胶层析	蛋白质、核酸

1. 基本原理 吸附薄层层析法主要是利用吸附剂对样品中各成分吸附能力不同，以及展开剂对它们的洗脱能力的不同，使各组分达到分离。层析时在支持物上的吸附剂为固定相，最常用的吸附剂为硅胶、氧化铝等，展开剂是流动相。吸附作用主要由于物体表面作用力、氢键、络合、静电引力、范德瓦耳斯力等产生。不同吸附剂的吸附能力不同，同时也受分离组分的性质影响，更与展开剂的性质有关。对同一固定相来说，展开剂的极性越大，对相同化合物的洗脱能力也越大。

2. 主要步骤

（1）制板：制备薄层板时，要求基底板洁净平整，制备方法包括干法或湿法。湿法制板时，将吸附剂和黏合剂（如烧石膏）按一定比例混合，加入适量水调匀，将此匀浆缓慢地移过基底板，放置晾干，再适当烘烤活化后使用。不使用黏合剂和水，直接采用吸附剂均匀涂铺形成薄层，则为干法制板。实验时也可采用商品化的预制薄层板。

（2）点样：样品用适宜的溶剂溶解，吸附薄层层析一般用有机溶剂溶解。距薄层板的一端 1.5～2.0cm 处描记原线，将样品溶液用毛细管、微量注射器或微量吸管点在原线上。点样量要适中，样品体积不宜超过 20μl，直径通常小于 3mm，若样品太多，会降低分辨率，但样品太少，某些成分又难以检出。若同时点多个样品，各样品的间隔应为 0.5～1cm，并且各样品应点在同一水平线上。

（3）展开：薄层层析的展开应在密闭槽中进行，在槽中加入适宜溶剂为流动相。利用毛细管原理，流动相带动样品中各组分沿薄层板移动，这个过程称为展开。展开的方式包括上行法、下行法。上行法最为常用，展开时将薄层板垂直或倾斜放置，将含待分离物质的流动相加于底部，使之自下向上移动。下行法则为用滤纸将流动相引至薄层上端，使其自上向下流动。软板薄层应平行展开，溶剂从薄层板点有样品的一端近水平展开。展开时应注意，在薄层板放在盛有展开剂的展开槽中时，切勿使溶剂浸没样品点。展开结束以后，各组分会在薄层板上形成斑点，使混合物中的成分得以分离。

（4）显色：用适当方法使各组分在板上显示其位置，如组分本身有颜色，即可直接观察斑点所在位置。若组分为无色物质，可喷显色试剂或在紫外灯下观察荧光斑点位置。

（5）定性与定量分析：定性分析可计算比移值（R_f）表示组分在薄层上的位置，从而分析不同组分的移动特性。R_f 的定义为：

$$R_f = \frac{组分移动的距离}{溶剂前沿移动的距离} \tag{1-5-1}$$

或

$$R_f = \frac{原点至组分斑点中心的距离}{原点至溶剂前沿的距离} \tag{1-5-2}$$

R_f 是定性分析的重要指标，是表示待测物特征的物理常数。在薄层性质、溶剂、温度等各项实验条件不变的情况下，各物质的 R_f 是恒定的，它不随溶剂移动距离的改变而变化。由于 R_f 受多种因素影响，为提高实验的可重复性，常设定已知标准品作为参照，计算相对 R_f。

定量分析采用洗脱测定法和原位扫描法。

1）洗脱测定法：将展开后的组分斑点刮下，用适宜洗脱剂将组分洗脱溶出，然后用分光光度法或电化学分析法定量测定。

2）原位扫描法：将展开后的薄层板放在薄层扫描仪内，以一定波长的光照射，同时使斑点移过光路，由于斑点对光的吸收，可绘出峰形曲线，将峰面积与标准样品的吸收相比较而求出含量。

（二）离子交换层析（ion exchange chromatography，IEC）

以离子交换剂为固定相，依据流动相中的各组分离子与交换剂上的平衡离子进行可逆交换时的结合力不同而进行分离的一种层析方法，称为离子交换层析。离子交换层析是生物化学领域中常用的一种层析方法，广泛应用于各种生物活性物质如氨基酸、蛋白质、糖类、核苷酸等的分离纯化。

1. 基本原理　离子交换层析的固定相为离子交换剂，其组成成分包括不溶于水的惰性高分子聚合物基质（可以是树脂或纤维素）、电荷基团和平衡离子。平衡离子所带电荷与电荷基团性质相反。电荷基团与高分子聚合物共价结合，电荷基团与平衡离子以离子键结合。平衡离子带正电的离子交换剂能与带正电的离子基团发生交换作用，称为阳离子交换剂；平衡离子带负电的离子交换剂与带负电的离子基团发生交换作用，称为阴离子交换剂。

以阴离子交换剂为例介绍其分离方式：阴离子交换剂的电荷基团带正电，装柱平衡后，与缓冲溶液中的带负电的平衡离子结合。样品溶液中可能有正电离子基团、负电离子基团和中性基团。加样后，负电离子基团可以与平衡离子进行可逆的置换反应，而结合到离子交换剂上。而正电离子基团和中性基团则无法结合离子交换剂，随流动相流出。通过选择合适的洗脱方式和洗脱液，如增加离子强度的梯度洗脱，随着洗脱液离子强度的增加，洗脱液中的离子可以逐步将结合在离子交换剂上的各种负电离子基团置换出来，随洗脱液流出。与离子交换剂结合力小的负电离子基团先被置换出来，而与离子交换剂结合力强者需要较高的离子强度才能

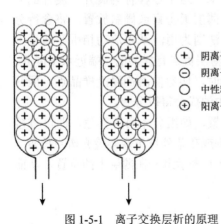

⊕ 阴离子交换树脂
⊖ 阴离子
○ 中性粒子
⊕ 阳离子

图 1-5-1　离子交换层析的原理

被置换出来，这样各种负电离子基团就会按其与离子交换剂结合力从小到大的顺序逐步被洗脱下来，分步收集流出液，可得到不同组分（图1-5-1）。

2. 主要步骤

（1）离子交换剂的选择：选择合适的离子交换剂是提高待分离物得率和分辨率的重要环节。

根据待分离的物质在一定pH条件下所带电荷的性质选择离子交换剂。如果待分离物质带正电荷，则选择阳离子交换剂；如带负电荷，则选择阴离子交换剂；如待分离物质是两性化合物，则根据其稳定状态的净电荷来选择交换剂，例如待分离的蛋白质样品的等电点为5，在pH 5～8稳定时，蛋白质净电荷为负，应选择阴离子交换剂进行分离。其次，强、弱离子交换剂适用于不同性质的物质分离。强离子交换剂适用的pH范围广，可用于制备无离子水或分离在极端pH条件下较稳定的物质。弱离子交换剂适用的pH范围窄，用于分离易变性的生物大分子。

需选择离子交换剂的基质。无机离子、氨基酸、核苷酸等小分子物质的分离可选择疏水性较强的聚苯乙烯离子交换剂。分离蛋白质等大分子物质常选择纤维素、葡聚糖、琼脂糖等亲水性较强的离子交换剂。由于纤维素离子交换剂分辨率和稳定性较低，适用于初步分离和大量制备。葡聚糖离子交换剂的分辨率适中，但其分辨率受离子强度和pH影响较大。琼脂糖离子交换剂机械强度较好，分辨率也较高。

（2）离子交换剂预处理、装柱和再生：用水浸泡、溶胀后的离子交换剂需悬浮去除细颗粒，才能保证有较好的均匀度。溶胀的交换剂再用稀酸或稀碱处理以去除杂质，并带上需要的平衡离子，如使之成为带 H^+ 或 OH^- 的交换剂。酸碱处理的顺序决定离子交换剂携带平衡离子的种类。阴离子交换剂常用"碱—酸—碱"处理，使其最终转为 OH^- 型或盐型交换剂；对于阳离子交换剂则用"酸—碱—酸"处理，使其最终转为 H^+ 型交换剂。

交换剂在装柱前还要减压去除气泡。为了避免颗粒大小不等的交换剂在自然沉降时分层，要适当加压装柱，同时使柱床压紧，有利于分辨率提高。柱子装好后再用起始缓冲液淋洗，直至达到充分平衡方可使用。

使用过的离子交换剂经酸、碱等洗柱，可去除不需要的吸附物，使离子交换剂恢复原来的性质，这一过程称为再生。如离子交换剂使用后有强吸附物可用 NaOH 溶液洗柱；若有脂溶性物质则可用非离子型去污剂洗柱后再生，也可用乙醇洗涤，其顺序为：0.5mol/L NaOH—水—乙醇—水—20%NaOH—水。

（3）加样：加样时应注意样品液的离子强度和pH。层析所用的样品应与起始缓冲液有相同的pH和离子强度，所选定的pH应设定在使交换剂与被结合物带相反电荷的范围内，同时采用透析、凝胶过滤或稀释法等降低离子强度。样品中的不溶物应在透析后或凝胶过滤前以离心法除去。为了达到满意的分离效果，加样量一般以柱床体积的1%～5%为宜，以使样品能吸附在柱的上层。

（4）洗脱：一般通过改变离子强度和pH两种方式进行梯度洗脱。pH或离子强度的改变会增强洗脱液与离子交换剂的结合力，相反使待分离物与离子交换剂的结合力降低。在洗脱过程中逐步增大离子强度，可使与离子交换剂结合的各个组分被洗脱下来；以pH改变为主的洗脱方式，对于阳离子交换剂一般是pH从低到高洗脱，阴离子交换剂则是pH从高到低洗脱。由于pH改变可能影响蛋白质的空间结构，故蛋白质的梯度洗脱通常采用改变离子强度的方式。

按一定体积（5～10ml/管）收集的洗脱液逐管进行测定，得到层析图谱。依实验目的的不同，可采用适宜的检测方法（生物活性测定、免疫学测定等）确定图谱中目的物的位置，并回收目的物。

（三）凝胶层析（gel chromatography）

凝胶层析又称为凝胶排阻层析、分子筛层析、凝胶过滤、凝胶渗透层析等。它是以多孔性凝胶为固定相，将分子大小不同的组分按顺序分离的层析方法。凝胶层析具有得率高、操作简便、实验重复性好、设备简单、填料可反复使用等优点，尤其是不改变样品生物学活性的特点，使这一技术广泛用于蛋白质、核酸等生物大分子的分离纯化。此外，凝胶层析结合分光光度法还可用于测定蛋白质分子量。

1. 基本原理 凝胶层析的固定相是具备立体网状结构的惰性凝胶颗粒，凝胶内部有很多细密微孔。当分子大小不同的各组分向凝胶的微孔扩散时，微孔对直径大小不同的

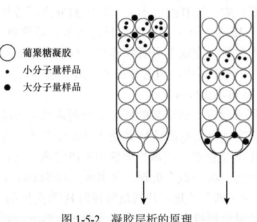

葡聚糖凝胶
· 小分子量样品
● 大分子量样品

图 1-5-2　凝胶层析的原理

组分产生排阻效应。分子直径大于孔径的不能进入微孔，被排阻在孔外，在凝胶颗粒之间随流动相向下流动，流程短、流动速度快，首先流出；而直径较小的分子则可以完全进入凝胶颗粒内部，流程长，流速慢，所以最后流出；而分子大小介于二者之间的分子在流动中部分渗透，渗透的程度取决于分子的大小，所以它们流出的时间介于二者之间。因此，分子越大的组分越先流出，分子越小的组分越后流出。样品经过凝胶层析后，各组分便按分子大小的顺序依次流出，从而达到了分离的目的（图 1-5-2）。

2. 主要步骤

（1）凝胶的选择和处理：凝胶的种类较多，包括交联葡聚糖凝胶（Sephadex G 系列）、琼脂糖凝胶（Sepharose）、聚丙烯酰胺凝胶（Bio-Gel）等。一般来讲，选择凝胶首先要根据样品的情况确定一个合适的分离范围，还需选择凝胶颗粒的大小。颗粒小，分辨率高，但相对流速慢，实验时间长，有时会造成严重扩散现象；颗粒大，流速快，分辨率较低但条件得当也可以得到满意的结果。

如实验目的为分离样品中的大分子物质和小分子物质，即分组分离，如蛋白质样品的脱盐，去除蛋白质、核酸溶液中的小分子杂质。分组分离的效果是将大分子完全排阻，而小分子完全渗透，因此应选用排阻极限较小的凝胶类型如 Sephadex G-25 和 G-50。小肽或低分子量物质（1000～5000Da）的脱盐可使用 Sephadex G-10、G-15 及 Bio Gel-P-2 或 Bio Gel-P-4。如实验目的是分离样品中分子量比较接近的物质，即分级分离，则要根据样品组分的具体情况来选择凝胶的类型，凝胶的分离范围应包含所有目的组分的分子量。分离范围选择过小，则某些组分难以回收；如分离范围选择过大，则分辨率较低，分离效果不好。故可选用排阻限度略大于样品中最高分子量物质的凝胶，层析过程中这些物质都能不同程度地深入到凝胶内部，由于分配系数不同，最后得到分离。

选定凝胶种类后，再根据层析柱的规格估算凝胶用量。葡聚糖凝胶和聚丙烯酰胺凝胶通常是无水的干胶，利用以下公式计算干胶用量：

$$干胶用量（g）=柱床体积（ml）/凝胶的柱床体积（ml/g）\tag{1-5-3}$$

如考虑凝胶在膨化及实验过程中的耗损，可在干胶用量的基础上再增加 10%～20%（质量分数）的凝胶用量。

随后用水使干胶膨化。不同类型的凝胶所需的膨化时间不同，型号较小、排阻极限较小的凝胶，由于其吸水率较小，膨化的时间也相应较短，一般在 20℃条件下膨化 3～4h；但型号较大、排阻极限较大的凝胶膨化时间则较长。加热煮沸可使膨化时间缩短，1～5h 即可完成，且煮沸可去除凝胶颗粒中的气泡。膨化时应注意避免在酸或碱中加热，防止凝胶被破坏。膨化处理后，要对凝胶进行纯化和排除气泡处理。纯化可以反复漂洗，以去除表面杂质和不均一的细小凝胶颗粒。排除凝胶中的气泡是很重要的，否则会影响分离效果，可以通过抽气或加热煮沸的方法排除气泡。琼脂糖凝胶是水悬浮的状态，所以不需膨化处理。多孔玻璃珠和多孔硅胶也不需膨化处理。

（2）凝胶层析柱的选择和填装

1）层析柱的选择：需根据样品量的多少以及对分辨率的要求来选择层析柱。由于层析柱的长度可影响分辨率，选择流程较长的层析柱可提高分辨率。但层析柱长度也不能过长，否则会导致填充不均、流速过慢等问题。通常层析柱长度不超过 100cm。层析柱的径长比一般在（1∶25）～（1∶100）。用于分组分离的凝胶柱，如脱盐柱由于对分辨率要求较低，可选择较短的层析柱。

2）层析柱的填装：固定层析柱，并使其垂直。先向柱内加满洗脱剂，检查是否漏水；再打开出液口，排出里面的气泡，特别是要排除床底支持物上的气泡。关闭出液口，使柱中洗脱剂的体积约占总柱体积的 15%。柱顶接上胶浆贮存器，将胶浆徐徐注入柱内，防止气泡产生。填装完毕后，待其稳定 10min，打开出液口，排出过量洗脱剂。柱内胶面上部保留 2～3cm 洗脱剂。再将恒压洗脱剂瓶与柱上端相连，流过至少 2 倍柱体积的洗脱剂之后，流速开始稳定。调节恒压洗脱剂瓶的位置，得到理想流速。检查流体静力压，不要超过规定数值。

填充是否均匀及测定凝胶柱的空体积（V_0）是衡量装柱质量的指标。用被凝胶完全排阻的有色大分子作样品进行层析，并测定 V_0。若有色区带移动不整齐，说明填充不均匀。计算洗脱体积（V_e）即该凝胶柱的空体积（V_0）。与蓝色染料偶联的蓝色葡聚糖 2000（blue dextran 2000）平均分子量为 $2×10^6$Da，它在 265nm 及 630nm 处有吸收峰，通常用它来测 V_0。装柱过程中应注意温度的恒定，如加热去除气泡的温度应与装柱时的温度一致。装柱前适当稀释凝胶有利于装柱过程中气泡的排除。

3）加样：凝胶床经过平衡后，在床顶部留下数毫升洗脱液使凝胶床饱和，再用滴管快速、均匀加入样品。根据凝胶柱规格或样品大小确定加样量，凝胶柱规格大，加样量较大；样品中各组分分子量差异较大，加样量也可以较大。分级分离时，加样体积为凝胶柱床体积的 1%～5%；而分组分离时，加样体积可为凝胶柱床体积的 10%～25%。也可用较小的加样量做预实验，根据洗脱峰的情况来选择合适的加样量。如各组分的洗脱峰过低，可适当加大加样量以提高回收率；如各组分的洗脱峰过高，则不能再加大加样量，甚至要减小加样量。另外加样前要注意，样品中的不溶物必须在上样前去掉，以免污染凝胶柱。样品的黏度不能过大，否则会影响分离效果。

4）洗脱：样品加入后打开出液口，使样品流入凝胶床内，当样品液面恰与凝胶床表面相平时，再加入数毫升洗脱液冲洗管壁，使样品全部进入凝胶床后，将层析床与洗脱液储瓶及收集器相连，预先设计好流速，然后分步收集洗脱液，并对每一馏分做定性、定量测定。

凝胶层析的分离原理是分子筛的排阻效应，其分辨率不依赖于流动相性质和组成的改变。因此，和其他层析方法相比，凝胶层析洗脱液的选择主要取决于待分离样品，只要能溶解被洗脱物质而不使其变性的缓冲液都可以用于凝胶层析。为避免凝胶产生吸附作用，洗脱液要含有一定浓度的盐。

凝胶层析的分离效果与洗脱速度相关。洗脱速度取决于柱长、凝胶种类、颗粒大小等因素。实验中应根据实际情况来选择合适的洗脱速度，还可通过预实验来确定洗脱速度。洗脱速度慢，样品与凝胶基质充分平衡，可得到较好的分离效果。但洗脱速度过慢，也会造成样品扩散加剧、区带变宽，反而会降低分辨率，实验时间也大大延长。一般洗脱液的流速是 2 ～ 10ml/h。可用恒流泵或恒压重力洗脱维持恒定的洗脱速度。

5）凝胶柱的保存及回收：凝胶装柱后可以反复使用，不必特殊处理，并不影响分离效果。凝胶暂时不用时，为了防止凝胶染菌，可加入防腐剂如 0.02% 叠氮钠，在下次层析前应将抑菌剂去除，以免干扰洗脱液的测定。

如凝胶不再使用可将其回收，一般方法是将凝胶用水冲洗干净并滤干，依次用 70%、90%、95% 乙醇脱水平衡至乙醇浓度达 90% 以上，滤干，再用乙醚洗去乙醇，滤干，干燥保存。湿态保存方法是在凝胶浆中加入抑菌剂或水冲洗到中性，密封后高压灭菌保存。

（3）凝胶层析的应用

1）分离提纯：广泛用于酶、蛋白质、氨基酸、多糖、激素、生物碱等物质的分离提纯。

2）测定高分子物质的分子量（MW）：用已知 MW 的标准品在同一条件下进行凝胶层析，测定每种样品的洗脱体积，并以洗脱体积对 MW 的对数作图，在一定分子量范围内可得一直线，即 MW 的标准曲线。测定未知物质的 MW 时，使未知 MW 的样品在相同条件下进行凝胶层析，测定洗脱体积，在标准曲线上查出待测样品的 MW。

3）脱盐及去除小分子杂质：采用凝胶层析法可去除蛋白质、核酸、多糖等高分子溶液中的低分子量杂质，这一过程称为脱盐。与透析法脱盐不同，凝胶层析法脱盐的速度更快、更完全。常用 Sephadex G-25、Bio-Gel P-6DG 等排阻极限较小的凝胶类型。目前已有多种脱盐柱成品出售，使用方便，但价格较贵。

4）去热原：对于去除水、氨基酸、一些注射液中的热原，凝胶层析是一种简单而有效的方法。

5）浓缩高分子溶液：利用凝胶颗粒的吸水性对样品溶液进行浓缩，特别适用于易变性的生物大分子溶液的浓缩。

（陈小凤）

第二篇　生物化学实验

实 验 须 知

一、实验目的

1. 培养严谨、求实的科学作风，提高独立分析问题和解决问题的能力，加强创新的科研思维。

2. 学习生物化学基本实验技术，掌握生物化学实验基本技能和方法。

3. 通过实验现象和结果的观察，以巩固和加深对基本理论的理解。

4. 认真观察并记录实验现象，总结及分析实验结果，按规范书写实验报告，为撰写学术论文奠定基础。

5. 增强协作意识，培养团队精神。

二、实验注意事项

（一）实验准备

实验室于开课前制定教学计划及实验进度表，学生在实验前根据教学计划及实验进度表认真做好预习。预习内容应包括以下方面。

1. 复习与实验内容相关的理论知识，掌握实验原理，并对可能出现的实验现象或实验结果有初步的认识。

2. 明确实验目的。

3. 熟悉实验中的主要步骤，了解各步骤的意义和方法。

4. 判断实验预期结果。

预习是做好实验的关键，做好预习才能在实验实施的过程中主动思考，避免实验操作的教条化、机械化，并且获得良好的实验结果。

（二）实验实施

1. 一切步骤严格按照操作规程进行。

2. 细心、独立地进行操作，避免出现差错。

3. 爱护实验室器材及设备。使用不熟悉的仪器设备时，应由带习教师指导后，方能动手操作。玻璃器皿应轻拿轻放，尽量避免损坏。

4. 样品、试剂及蒸馏水、乙醇等耗材应节约使用，避免浪费。

5. 注意保持实验环境的整洁与安静。公用试剂瓶，用后即归位。公用仪器设备，不能随意挪动。实验过程中保持肃静，不得大声喧哗。

6. 仔细观察并综合分析实验现象和实验结果，并将其客观、详尽、及时地记录于实验记录本中，不得于实验后追记。对于失败的实验，要分析其原因。

（三）实验结束

1. 实验完毕后，将所用仪器、玻璃器皿洗涤清洁，妥善安放，临时借用的仪器，洗涤清洁后放于实验台上。

2. 妥善处理实验废弃物，避免污染环境、损坏水槽及下水道。所有固体废弃物（如用过的滤纸、棉花等）必须放入废物筒或篓中，切勿丢于水槽中。废硫酸或洗液、沉淀或混合物等，应放入教师指定的回收器中。

3. 离开实验室时，应将实验室整理清洁，并检查水、电、窗户是否关好。

三、仪器使用注意事项

1. 实验前，实验者应认真检查各种玻璃器皿，如发现缺损应立即向准备室负责教师补换。实验过程中如有破损应立即报告带习教师，说明损坏原因，填写报损单。实验后应将玻璃器皿洗涤清洁，核对后交给管理人员。

2. 公用仪器使用时间不宜过长，以免妨碍他人使用。设有使用登记簿的仪器（包括贵重仪器，如分光光度计、电泳仪、离心机等），使用后必须登记。对不熟悉的仪器，应详细阅读使用说明后或在带习教师指导下进行操作。

四、试剂使用注意事项

1. 公用试剂的量取，应使用试剂瓶旁配置的专用量具，量取试剂时，不应将量具与试剂瓶分开放置，且用后即放回原处，以杜绝试剂的污染。

2. 不能用潮湿的量具量取标准试剂，标准试剂取出后不得再放入原瓶。

五、实验记录和实验报告的书写

（一）实验记录

基于求实、客观的原则，实验记录必须及时填写。完整的实验记录包括实验日期、实验题目、实验目的、实验用器材和方法、实验操作步骤、实验现象（如颜色反应和沉淀反应等）和实验结果。原始数据必须客观、真实、详尽、清楚、简练。定量实验中检测的数据，如物质的质量、溶液的光密度值等，应记录其有效数字。

（二）实验报告

规范、完整的实验报告是反映实验者基本技能和撰写能力的重要依据。实验结束后，应及时总结和分析实验结果，按规范书写实验报告。实验报告应记载如下内容。

1. 基本信息　实验日期、操作者姓名、实验名称。

2. 实验目的　阐明通过实验能解决什么科学问题，掌握哪些知识，学会什么方法和技术，提升哪种能力。

3. 实验原理　对实验的科学依据进行详细的分析和阐述。善用方程式、示意图、流程图或表格呈现实验者对于实验原理的总结。

4. 实验用材料　主要报告实验中使用的主要试剂、仪器及实验用动物。

5. 具体操作步骤　操作步骤的记录应清晰、简明、准确、客观。可用流程图或表格记录样本分离、试液加样等过程。重要仪器设备的参数应根据实验的真实数据客观记录，如电泳时电压、电流的设定，电泳时间等参数。除操作步骤外，还应记录影响实验结果的注意事项以及实验安全注意事项。

6. 实验结果与结论　实验结果应客观、翔实。通过公式计算得到的实验数据，必须有计算过程，且准确无误。图表或数据必须是通过实验得出的结果，不能杜撰，更不能任意篡改。实验结论是分析实验结果后，对实验所涉及的科学问题做出的解释和判断。实验结论的推导必须符合逻辑，遵循科学原则。

7. 讨论　可对实验方法、实验结果进行讨论，也可就实验现象和实验结果所反映出的基本理论进行讨论，如实验失败，可在讨论中分析原因并提出改进的方法。

（黄映红）

实验一　蛋白质的沉淀反应

一、目的要求

1. 验证蛋白质的胶体性质，以及影响蛋白质胶体溶液稳定的因素。
2. 掌握蛋白质沉淀反应的原理和方法。
3. 熟悉可逆沉淀作用和不可逆沉淀作用的特点及应用。

二、实验原理

蛋白质胶体颗粒表面存在亲水基，可通过固有偶极和氢键结合溶液中大量的水分子，在蛋白质表面形成水化膜，从而抑制蛋白质颗粒的相互聚集，防止蛋白质从溶液中析出沉淀。除此之外，蛋白质颗粒表面还带有一定量的同种电荷，也可发挥使蛋白质胶体溶液稳定的作用。若某些理化因素破坏了蛋白质胶体颗粒表面的水化膜和电荷，蛋白质则易析出沉淀。

根据沉淀蛋白质的特点，蛋白质的沉淀作用可分为以下两种类型。

（一）可逆沉淀作用

若沉淀因素并未显著破坏蛋白质的空间结构，去除沉淀因素后，蛋白质可恢复其亲水性，沉淀再度溶解，这种沉淀作用称为可逆沉淀作用。可逆沉淀作用包括盐析沉淀蛋白质，有机溶剂如丙酮、乙醇等在低温条件下沉淀蛋白质，以及等电点沉淀蛋白质。可逆沉淀作用可用于生物样本中蛋白质的制备。

1. 蛋白质的盐析作用　在蛋白质溶液中加入大量中性盐，如 $(NH_4)_2SO_4$、Na_2SO_4、$NaCl$、$MgSO_4$ 等，可中和蛋白质表面电荷及破坏水化膜，使蛋白质析出沉淀，此方法称为盐析。不同种类的蛋白质需要同一种盐类的浓度不同，与细分散系蛋白质（如白蛋白）相比，粗分散系蛋白（如球蛋白）更容易从溶液中沉淀。故混合蛋白质溶液可用分段盐析法进行分离。球蛋白能被半饱和的 $(NH_4)_2SO_4$ 沉淀，白蛋白能被饱和的 $(NH_4)_2SO_4$ 沉淀。

2. 等电点沉淀蛋白质　处于兼性离子状态时，蛋白质表面净电荷为零，故蛋白质溶液的 pH 越接近其等电点，蛋白质的溶解度越低。盐析时，可将溶液的 pH 调至等电点，沉淀效果较好。

（二）不可逆沉淀作用

沉淀因素破坏蛋白质的空间结构，使蛋白质发生变性，即使去除沉淀因素，也难以使蛋白质恢复亲水性，沉淀不复溶，这种沉淀作用称为不可逆沉淀作用。重金属盐、生物碱试剂、强酸、强碱、超声波等理化因素都能使蛋白质发生不可逆沉淀。

1. 乙醇沉淀蛋白质　中性有机溶剂（乙醇、甲醛、丙酮等）均为脱水剂，因此，在蛋白质溶液中加入一定浓度的有机溶剂时，蛋白质因水化膜的破坏而聚集沉淀。常温条件下，有机溶剂沉淀蛋白质往往导致其变性，沉淀不复溶。但若在低温（0～4℃）条件下，利用乙醇、丙酮沉淀蛋白质，沉淀形成后快速分离，一般不会导致蛋白质变性。

2. 重金属盐沉淀蛋白质　带正电荷的重金属离子（铅、铜、银、汞等）与带负电荷的蛋白质颗粒结合形成不溶解的沉淀。反应特点是所需的重金属盐量少，且沉淀反应不可逆。临床上可利用这种沉淀反应抢救重金属中毒（如汞盐、铅盐中毒）。

3. 生物碱、无机酸、有机酸沉淀蛋白质

（1）生物碱试剂沉淀蛋白质：蛋白质在小于其等电点的 pH 溶液中，呈正离子，当加入生物碱试剂如苦味酸、鞣酸等，带正电荷的蛋白质则与生物碱试剂的负根结合生成不溶解的盐而沉淀。

（2）无机酸沉淀蛋白质：浓硫酸、浓盐酸、硝酸等能使蛋白质变性而形成不可逆的沉淀。当浓盐酸或浓硫酸过量时，变性蛋白可呈离子状态而溶解。但当加入过量的硝酸时，因硝酸能与蛋白质中含苯环氨基酸发生硝化作用，生成黄色的芳香硝基化合物，故硝酸沉淀的蛋白质不再溶解。临床上可用硝酸检测尿中的蛋白质。

（3）有机酸沉淀蛋白质：溶液中的蛋白质能与有机酸如三氯乙酸，磺基水杨酸的酸根结合而形成不溶解的盐而沉淀。三氯乙酸、磺基水杨酸很容易沉淀蛋白质，而不沉淀蛋白质的水解产物，故常用以去除体液中的蛋白质。

4. 加热沉淀蛋白质　加热破坏蛋白质的空间结构，并改变其理化性质，使蛋白质溶解度降低甚至凝固。加热的同时，若加入中性盐或改变溶液的 pH 将影响蛋白质的凝固作用。在等电点状态及有盐类存在时加热蛋白质溶液，蛋白质会发生凝固；在等电点的偏碱或偏酸侧加热蛋白质，蛋白质虽变性但不凝固。

三、材料与方法

（一）分段盐析法沉淀蛋白质

1. 主要试剂

（1）蛋白质溶液（或水稀释 6 倍血清）。

（2）饱和 $(NH_4)_2SO_4$ 溶液。

（3）固体 $(NH_4)_2SO_4$。

2. 操作步骤

（1）于试管中加入蛋白质溶液 5ml 和等量的饱和 $(NH_4)_2SO_4$ 溶液，混匀，静置约 10min，待沉淀生成后过滤，收集滤液于另一试管。向沉淀加入数滴蒸馏水，观察沉淀是否再溶解。

（2）于滤液中加入 $(NH_4)_2SO_4$ 粉末，边加边进行搅拌，直至 $(NH_4)_2SO_4$ 粉末不再溶解，观察沉淀析出，向沉淀加入蒸馏水数滴，观察其再溶解。

（二）乙醇、重金属、生物碱、无机酸、有机酸沉淀蛋白质

1. 主要试剂

（1）蛋白质溶液（鸡蛋清溶液）。

（2）95% 乙醇。

（3）10%$CuSO_4$。

（4）1%$AgNO_3$。

（5）饱和鞣酸。

（6）浓 H_2SO_4、浓 HCl、浓 HNO_3。

（7）10% 三氯乙酸。

（8）5% 磺基水杨酸。

（9）10%HAc。

（10）10%NaOH。

2. 操作步骤 取试管 5 支，按表 2-1-1 所示方法操作。

表 2-1-1   乙醇、重金属、生物碱、无机酸、有机酸沉淀蛋白质实验操作

沉淀反应类型	蛋白质溶液	沉淀试剂	实验结果
乙醇沉淀蛋白质	鸡蛋清溶液 10 滴	10%HAC 1 滴，95% 乙醇 10 滴	
重金属沉淀蛋白质	鸡蛋清溶液 10 滴	加 10%CuSO₄ 3 滴，观察，然后向沉淀中加 10%HAC 3 滴	
	鸡蛋清溶液 10 滴	加 1%AgNO₃ 3 滴	
生物碱试剂沉淀蛋白质	鸡蛋清溶液 10 滴	加饱和鞣酸 2 滴，向沉淀中加 10%HAC 2 滴，观察结果，再向其中加 10%NaOH 数滴，摇匀，观察结果	
无机酸沉淀蛋白质	鸡蛋清溶液 10 滴	加浓硫酸 2～3 滴	
		再加浓硫酸 3～5 滴	
	鸡蛋清溶液 10 滴	加浓 HCl 2～3 滴	
		再加浓 HCl 3～5 滴	
	鸡蛋清溶液 10 滴	加浓 HNO₃ 2～3 滴	
		再加浓 HNO₃ 3～5 滴	
有机酸沉淀蛋白质	鸡蛋清溶液 10 滴	加 10% 三氯乙酸 3 滴	
	鸡蛋清溶液 10 滴	加 5% 磺基水杨酸 3 滴	

（三）加热沉淀或凝固蛋白质

1. 主要试剂

（1）1%鸡蛋清溶液。

（2）1%HAc。

（3）10%HAc。

（4）饱和 NaCl。

（5）10%NaOH。

2. 操作步骤

（1）取试管 5 支按表 2-1-2 方法操作。

（2）将 5 支试管同时放入 100℃ 保温，观察并记录实验结果。

表 2-1-2   加热沉淀或凝固蛋白质实验操作

管号	鸡蛋清溶液（ml）	试剂	实验结果
1	1		
2	1	1%HAC 5 滴	
3	1	10%HAC 5 滴	
4	1	1%HAC 及饱和 NaCl 各 5 滴	
5	1	10%NaOH 5 滴	

四、实验结果

总结实验结果，并以讨论的形式分析评价实验结果。

五、注意事项

1. 在等电点附近，沉淀效果好，故溶液的 pH 直接影响蛋白质的沉淀情况。

2. 实验过程中需注意加液的顺序和各种试剂的浓度，取液量需准确。观察沉淀反应时注意及时记录实验结果。

六、思考题

1. 经盐析作用沉淀的蛋白质为什么可以再溶解于蒸馏水中？

2. 有机溶剂沉淀蛋白质时，为何要在溶液中加入 10%HAc？

3. 重金属沉淀蛋白质，向沉淀加入 10% HAc 后，观察到什么现象，为什么？

4. 为什么牛奶可作为铅、汞中毒的解毒剂，用于重金属中毒的抢救？

5. 生物碱试剂沉淀蛋白质，分别向沉淀中加入酸或碱，哪种情况会观察到沉淀的再溶解？为什么？

6. 加热凝固蛋白质的实验中，在蛋白质溶液中分别加入等量的 1%HAc 与 10% HAc 会观察到什么不同现象？为什么？

（黄映红）

实验二 蛋白质的等电点

一、目的要求

1. 通过实验学习蛋白质的两性解离性质,掌握蛋白质等电点的概念,熟悉等电点时蛋白质的特殊性质。

2. 了解蛋白质等电点的测定方法。

二、实验原理

蛋白质具备两性电解质的特性,其分子中的酸性基团(如酸性氨基酸的侧链羧基、酚羟基及肽链的末端羧基等)在溶液中解离带负电荷,碱性基团(如碱性氨基酸的侧链氨基、胍基、亚氨基及肽链的末端氨基)在溶液中解离带正电荷。蛋白质的两性电离,使得蛋白质分子既带正电荷,又带负电荷。同一蛋白质在不同 pH 溶液中,带电性质不同。蛋白质在酸性溶液中呈阳离子,在碱性溶液中呈阴离子。若调节溶液 pH,使蛋白质分子所带正、负电荷数目相等,此时溶液的 pH 称为该蛋白质的等电点。蛋白质的等电点与其酸式电离和碱式电离的程度相关。显然,含游离酸性基团较多的蛋白质,酸式电离程度较强,其等电点偏酸性。相反,含游离碱性基团较多的蛋白质,其等电点则偏碱性。大多数蛋白质的等电点偏酸,如牛乳中酪蛋白的等电点为 pH 4.7 ~ 4.8,血红蛋白的等电点为 pH 6.7 ~ 6.8。

蛋白质处于等电点时,净电荷为 0,在电场中不移动。此外,由于缺少同种电荷这一稳定因素,溶液中的蛋白质分子容易聚集而沉淀,因此,蛋白质在等电点时最不稳定,易析出沉淀。若在等电点状态的蛋白质溶液中加入一定量的乙醇、丙酮等有机溶剂,破坏蛋白质分子表面的水化膜,沉淀则更易产生。根据以上原理,本实验通过观察酪蛋白在不同 pH 缓冲液中的沉淀情况来判断酪蛋白的等电点,即溶液浑浊度最大时的 pH 为酪蛋白的等电点。本方法测定蛋白质等电点虽不如等电聚焦电泳法精确,但操作简便,且对实验条件要求较低,因此可作为初步测定蛋白质等电点的方法。

三、主要试剂

1. 酪蛋白 0.1mol/L 乙酸钠溶液 取纯酪蛋白 0.25g 于烧杯内,加蒸馏水 20ml 及 1mol/L NaOH 5ml(必须准确),振荡混匀,使之溶解,再加 1mol/L 乙酸溶液 5ml(必须准确),混匀转入 50ml 容量瓶内。然后,用蒸馏水洗烧杯两次,一并倾入容量瓶内,最后用蒸馏水稀释至刻度线,混匀即可。

2. 0.01mol/L 乙酸溶液。

3. 0.1mol/L 乙酸溶液。

4. 1.00mol/L 乙酸溶液。

四、操作步骤

1. 取干燥清洁、直径相近的试管 3 支,按表 2-2-1 加入各种试剂。

表 2-2-1 蛋白质等电点测定实验操作

	试管编号		
	1	2	3
pH	3.5	4.7	5.9
蒸馏水（ml）	2.4	3.0	3.4
1.00mol/L HAc（ml）	1.6		
0.10mol/L HAc（ml）		1.0	
0.01mol/L HAc（ml）			0.6

2. 在每管中加入酪蛋白 0.1mol/L 乙酸钠溶液 1ml，立即混匀，混匀后各管内溶液的 pH 如表 2-2-1 所示。

3. 静置 30min 后，观察各管的浑浊度，以 0、+、++、+++ 记录浑浊度，并分析酪蛋白的等电点。

比较不同 pH 时酪蛋白溶液的浑浊度，分析酪蛋白的等电点。

五、注意事项

加液时采用适宜规格和量程的移液器，加液量必须准确。

六、思考题

1. 什么是蛋白质的等电点？氨基酸组成不同的蛋白质，其等电点有什么不同？

2. 等电点时，蛋白质有什么特殊性质，为什么？

3. 为什么可以通过观察酪蛋白溶液的浑浊度来判断其等电点？

（黄映红）

实验三 核糖核酸的提取及成分鉴定

一、目的要求

1. 掌握稀碱法提取酵母 RNA 的原理及操作方法。

2. 掌握 RNA 的组成成分及鉴定方法。

3. 学习和掌握离心机的使用方法。

二、实验原理

核酸是生物体内重要的生物大分子，与生长和遗传有密切关系。由于组成核酸分子的戊糖不同，核酸可分为核糖核酸（RNA）与脱氧核糖核酸（DNA）两类。它们都是由磷酸、戊糖（核糖或脱氧核糖）及含氮杂环碱基所组成。在细胞内，大部分核酸是与蛋白质结合，即以核糖核蛋白（RNP）或脱氧核糖核蛋白（DNP）的形式存在，也有少数以游离的或以氨基酸结合的形式存在。

凡含有大量细胞核的组织或器官，如胸腺、胰腺、脾脏等均富含核酸，酵母细胞中所含的核酸主要是 RNA，DNA 的含量很少，故本实验系用酵母提取 RNA，由于酵母细胞中所含的核蛋白不溶于水和稀酸，但能溶于稀碱，所以先用稀碱加热煮沸裂解酵母细胞，使 RNA 成为可溶性的钠盐从而与酵母中其他的组分分离，然后加乙醇沉淀溶液中的 RNA。最后，加酸使 RNA 完全水解，分别鉴定其基本组成成分。

核糖与地衣酚（5-甲基间苯二酚）及高铁盐酸试剂共热可生成特殊的绿色化合物而加以鉴定；嘌呤碱能与硝酸银共热产生褐色的嘌呤盐基银化合物的沉淀；磷酸则能与钼酸铵试剂作用产生磷钼酸，再与 $FeSO_4$ 作用，磷钼酸中的钼被还原生成钼蓝。

三、主要试剂

1. 酵母片。

2. 0.04mol/L NaOH 溶液。

3. 5% 5-甲基间苯二酚乙醇溶液。

4. 高铁盐酸试剂　溶解 0.99g 硫酸高铁铵 ［$NH_4Fe(SO_4)_2 \cdot 12H_2O$］ 于 1000ml 浓盐酸中。此试剂应在临用前新鲜配制，并置于棕色试剂瓶避光保存。

5. 0.1mol/L $AgNO_3$ 溶液。

6. $FeSO_4$ 结晶粉。

7. 钼酸铵试剂　取 25g 钼酸铵溶于 300ml 蒸馏水中，另将 75ml 浓 H_2SO_4 慢慢地加入 125ml 蒸馏水中，混匀冷却，将以上两液合并即为钼酸铵溶液。

8. 酸性乙醇溶液　每 100ml 95% 乙醇中含浓 H_2SO_4 1ml。

9. 1.5mol/L H_2SO_4 溶液。

10. 浓氢氧化铵溶液。

11. 3mol/L 乙酸溶液。

12. 氨水。

13. 本尼迪克特试剂。

四、主要器材

离心机、恒温水浴箱。

五、操作步骤

（一）酵母细胞中 RNA 的提取

1. 取酵母片 3 片置于烧杯中，加入 0.04mol/L NaOH 溶液 10ml，搅拌片刻，然后装入一支试管中，置于沸水浴中加热 20min。

2. 将试管从沸水浴中取出，稍冷却后将其移入两支离心管中，平衡后 1500～2000r/min 离心 5～10min，将上清液转入干净烧杯中，并弃去沉淀。

3. 在上述小烧杯中加入 3mol/L 乙酸溶液 5 滴以酸化溶液，摇匀后再徐徐加入 10ml 酸性乙醇溶液，即有白色沉淀析出。

4. 静置片刻，移入两支离心管中，平衡后 1500～2000r/min 离心 5min，倾去上清液（上清液中的乙醇，可倾入回收瓶内），沉淀即为 RNA 制品。

（二）RNA 水解产物的检查

1. 水解　向有剩余沉淀的离心管内加入 1.5mol/L H_2SO_4 4ml，待沉淀溶解后移至试管内，在沸水浴中煮沸 5min，使其充分水解。

2. 核糖试验　取水解液 1ml 于一干净试管中，加高铁盐酸试剂 2ml，再加 5% 5-甲基间苯二酚乙醇溶液 2 滴，混匀，置沸水浴中加热 3 分钟，观察颜色变化，并解释之。

3. 嘌呤碱试验　取水解液 1ml 于一干净试管中，加氨水 10 余滴使溶液碱化，再加 0.1mol/L $AgNO_3$ 数滴，置沸水浴中加热 5～8min，观察颜色变化，并予解释。

4. 磷酸试验　取水解液 1ml 于一干净的试管中，再加钼酸铵试剂 1ml，摇匀，加一小匙 $FeSO_4$ 结晶粉，置沸水浴中加热 2～3min，观察颜色变化，并予解释。

六、注意事项

1. 稀碱法提取的 RNA 为变性 RNA，可以用于 RNA 组分鉴定及单核苷酸制备，但不能作为 RNA 生物活性实验材料。

2. 加入酸性乙醇时要边加入边搅拌。

3. 离心管一定要平衡对称放入离心机中，离心机达到设置转速时才能离开。

4. RNA 水解产物检查实验中，加入 H_2SO_4 溶液后要充分煮沸。

七、思考题

1. 稀碱法提取 RNA 的原理是什么？

2. 在 RNA 提取实验中第三步加入酸性乙醇的目的是什么？

3. 在检测 RNA 水解产物时，试管中出现相应现象的原因是什么？

（谢　茜）

实验四 影响酶作用的因素

Ⅰ 唾液淀粉酶对淀粉的水解作用

一、目的要求

1. 掌握验证唾液淀粉酶水解作用的实验方法。

2. 熟悉电热恒温水浴箱的操作要点。

二、实验原理

唾液中的淀粉酶，在适当的条件下能使淀粉经过糊精的阶段而逐渐水解成麦芽糖，唾液中又有少量的麦芽糖酶，可使部分麦芽糖进一步水解为葡萄糖。下列变化可以证明淀粉是否被水解。

1. 淀粉是由 α-D-葡萄糖通过糖苷键连接的高分子化合物，溶于水后呈亲水胶体，具有乳样光泽，但淀粉水解为麦芽糖或葡萄糖后则无此乳样光泽。

2. 淀粉遇碘呈蓝色，糊精按其分子的大小，遇碘可呈蓝色、紫色、暗褐色和红色，而当淀粉水解成低分子化合物时（如麦芽糖、葡萄糖、分子量最小的糊精），遇碘即不显色。

3. 淀粉由于缺乏游离的醛基，与本尼迪克特试剂作用呈阴性反应。但当它被水解成麦芽糖及葡萄糖时，麦芽糖与葡萄糖均具有还原性，能使本尼迪克特试剂中二价铜离子（Cu^{2+}）还原，生成砖红色的氧化亚铜（Cu_2O）沉淀或黄色的氢氧化亚铜（$CuOH$）沉淀。

三、主要试剂

1. 1% 淀粉液。

2. 本尼迪克特试剂 取柠檬酸钠 85g，无水碳酸钠 50g 同溶于 400ml 蒸馏水中，另取硫酸铜 8.5g，溶于 50ml 热蒸馏水中，将硫酸铜溶液徐徐加入上述溶液内混合，若有沉淀可以过滤，稀释 10 倍供用。

3. 碘化钾-碘溶液（KI-I$_2$） 将碘化钾 20g 及碘 10g 溶于 100ml 蒸馏水中，使用前需稀释 10 倍。

四、主要器材

移液器、恒温水浴箱或金属浴、玻璃漏斗、锥形瓶、比色板等。

五、操作步骤

1. 用蒸馏水漱口，以清除口腔内残渣，然后将蒸馏水含在口内，取一干净漏斗，内垫一小块薄薄的脱脂棉，2min 后将蒸馏水直接吐入漏斗，得到的滤液即为稀释唾液（为了制备足够量的稀释唾液，可重复操作一次）。

取试管 2 支，按表 2-4-1 操作，依次加入淀粉液、稀释唾液、蒸馏水。

表 2-4-1 唾液淀粉酶对淀粉水解作用实验操作所需材料

管别	淀粉液	稀释唾液	蒸馏水
对照管	3ml	—	2ml
实验管	3ml	2ml	—

2. 将两管同时放于 37 ～ 40℃水浴或金属浴中，而后立即做碘液检查。在比色板上预先滴上碘液，于两管各取一滴反应液加入，看是否开始水解，以后每隔 0.5 ～ 1min 再各取一滴加以检查，可观察到实验管水解过程由深变浅最后不显色，此时水解完成。对照管应一直呈蓝色。

3. 观察两管淀粉在水解后的乳样光泽。

4. 取两支干净试管，向其中一支试管中加入对照管水解液 5 滴，向另一支试管中加入实验管水解液 5 滴，再各加入本尼迪克特试剂 10 滴，混匀后加热煮沸或 100℃金属浴 8min，观察有何现象发生，并进行解释。

六、注意事项

配制各种试剂及反应液必须充分混匀。

七、思考题

如果从实验管中第一次取出的反应液与碘反应即显无色说明什么？接下来应该怎么操作？

Ⅱ pH 对酶活性的影响

一、目的要求

1. 掌握 pH 对唾液淀粉酶酶促反应速度影响的原理。

2. 熟悉唾液淀粉酶的最适 pH。

二、实验原理

酶对其所作用环境的酸碱度（pH）的改变非常敏感，如胃蛋白酶只能在酸度较大的环境中催化蛋白质水解。每一种酶都有它的最适 pH，在最适 pH 时酶的活性最大，当其 pH 大于或小于最适 pH 时，都将引起酶活性降低。该实验通过唾液淀粉酶在不同 pH 环境下对淀粉的水解作用来说明 pH 对酶活性的影响。唾液淀粉酶的活性在 pH 6.8 时最大，当大于或小于此 pH 时，其活性都要受到抑制。

三、主要试剂

1. 稀释唾液。

2. 1% 淀粉液。

3. 碘化钾-碘溶液（KI-I$_2$），将碘化钾 20g 及碘 10g 溶于 100ml 蒸馏水中，使用前需稀释 10 倍。

4. 磷酸盐缓冲液（pH5.0、6.8、8.0），用 0.2mol/L 磷酸氢二钠液与 0.1mol/L 柠檬酸液，按以下剂量配制（表 2-4-2）。

表 2-4-2　不同 pH 磷酸盐缓冲液配制方法

pH	0.2mol/L 磷酸氢二钠（ml）	0.1mol/L 柠檬酸液（ml）
5.0	5.15	4.85
6.8	7.72	2.28
8.0	9.72	0.28

四、主要器材

移液器、恒温水浴箱或金属浴、比色板等。

五、操作步骤

1. 取试管 3 支按表 2-4-3 操作。

表 2-4-3　pH对酶活性影响实验操作

管号	pH	磷酸盐缓冲液（ml）	1% 淀粉液（ml）	稀释唾液（ml）
1	5.0	1	1	1
2	6.8	1	1	1
3	8.0	1	1	1

2. 充分混匀，同时置于37℃水浴或金属浴中（如果室温 37℃左右或唾液淀粉酶活性很高可以不保温），立即自 2 号管中取出 1 滴反应液置于比色板中（已预先滴上碘化钾-碘溶液），观察显色情况，以后每隔 0.5 ～ 1min 检查一次，观察与碘液的显色反应，当出现淡红褐色时，立即将 3 支试管从水浴箱中取出，并向以上各管中加入碘液 4 滴，混匀后比较三管颜色，并解释结果。

六、注意事项

1. 加稀释唾液要准确快速，以保证各管酶促反应同时开始。
2. 如果室温较高或唾液淀粉酶活性较高可以不放入 37℃水浴中，直接室温放置。
3. 要在 2 号管显淡红褐色时立即向各管加入碘液 4 滴。

七、思考题

1. 如果要测定酶的最适 pH，只设置 3 个不同 pH 能不能测到准确的最适 pH？
2. pH 影响酶活性的机制是什么？
3. 在本实验中，是如何通过淀粉的水解液与碘液反应所显颜色来判断酶促反应速度快慢的？

Ⅲ　温度对酶活性的影响

一、目的要求

1. 掌握温度对唾液淀粉酶酶促反应速度影响的原理。
2. 熟悉唾液淀粉酶的最适温度。

二、实验原理

酶促反应在低温条件下进行很慢，其反应速度随温度的升高而增加，当到最适温度后，温度的上升便引起酶活性的降低，温度上升至100℃时，多数酶的活性便完全丧失，温度降低，会抑制酶的活性，但不使其变性，温度回升后，酶的活性可以恢复，而高温会引起酶的变性失活。人体内多数酶的最适温度在37～40℃。本实验以唾液淀粉酶对淀粉的水解作用为例，说明温度对酶作用的影响。

三、主要试剂

1. 1%淀粉液。

2. 碘化钾-碘溶液（KI-I$_2$），将碘化钾20g及碘10g溶于100ml蒸馏水，临用前需稀释10倍。

3. 稀释唾液。

四、主要器材

恒温水浴箱或金属浴、制冰机、移液器、比色板等。

五、操作步骤

1. 取试管3支编号，按表2-4-4进行操作。

表2-4-4 温度对酶活性影响实验操作

管号	1%淀粉液（ml）	稀释唾液（ml）	温度情况
1	2	1	放在37～40℃水浴或金属浴中
2	2	1（事先煮沸）	放在37～40℃水浴或金属浴中
3	2（事先冷却0～4℃）	1（事先冷却0～4℃）	放在0～4℃冰浴

2. 在上述温度情况下，保温10min。

3. 从上述三管各取水解液少许置于比色板中用碘试验，观察有何变化，并进行解释。

4. 将3号管从冰浴中取出，放入37～40℃水浴或金属浴中，让2、3号管继续保温5min，再以碘液试验，观察有何变化，并解释原因。

六、注意事项

加入稀释唾液后要立即计时，计时要准确。

七、思考题

1. 3号管的淀粉液和稀释唾液必须分别经0～4℃事先冷却后再加入，2号管稀释唾液要事先煮沸，为什么？

2. 低温是否破坏酶的活性？从哪个实验现象可得知？

Ⅳ   抑制剂及激活剂对酶活性的影响

一、目的要求

掌握激活剂和抑制剂对唾液淀粉酶酶促反应速度影响的原理。

二、实验原理

抑制剂可以降低酶的活性,激活剂可以增加酶的活性。本实验以唾液淀粉酶对淀粉的水解作用为例说明抑制剂与激活剂对酶活性的影响。氯离子是唾液淀粉酶的激活剂,而铜离子则是唾液淀粉酶的抑制剂。

三、主要试剂

1. 稀释唾液。

2. 1% 淀粉液。

3. 1%NaCl 溶液。

4. 1%$CuSO_4$ 溶液。

5. 1%Na_2SO_4 溶液。

6. 碘化钾-碘溶液(KI-I_2),将碘化钾 20g 及碘 10g 溶于 100ml 蒸馏水中,临用前需稀释 10 倍。

四、主要器材

恒温水浴箱、移液器、比色板等。

五、操作步骤

1. 取 4 支试管,按表 2-4-5 操作。

表 2-4-5   抑制剂及激活剂对酶活性影响实验操作

管号	1% 淀粉液(ml)	试剂	稀释唾液(ml)
1	1	1%NaCl 溶液 2 滴	1
2	1	蒸馏水 2 滴	1
3	1	1%$CuSO_4$ 溶液 2 滴	1
4	1	1%Na_2SO_4 溶液 2 滴	1

2. 立即充分混匀,同时放入 37℃水浴或金属浴保温(如果室温 37℃左右或唾液淀粉酶活性很高可以不保温),并立即从 1 号管中用滴管取出反应液,滴入比色板中,检查与碘液所呈的反应颜色,以后每隔 0.5 ~ 1min 检查一次,当呈红黄色时,立即取出 4 支试管,并向各管中加入 4 滴碘液,混匀后观察颜色变化,并解释原因。

六、注意事项

1. 加稀释唾液要准确快速,以保证各管酶促反应同时开始。

2. 如果室温较高或唾液淀粉酶活性较高可以不放入 37℃水浴中,直接室温放置。

七、思考题

1. 本实验是观察 Cl^- 和 Cu^{2+} 对唾液淀粉酶活性的影响，为什么要设置 4 号试管？

2. 为什么要最后加入稀释唾液？

教学互动

请设计一个能解释本组第 4 个实验（抑制剂及激活剂对酶促反应的影响）中试剂 Na_2SO_4 作用的实验方案，充分验证该试剂中既不含抑制剂，也不含激活剂。

（谢 茜）

实验五 麦芽淀粉酶的提取和鉴定

一、目的要求

掌握麦芽淀粉酶提取和鉴定的原理和方法。

二、实验原理

淀粉酶是水解淀粉糖苷键的一类酶的总称。按照其水解淀粉的作用方式不同，可以分成 α-淀粉酶、β-淀粉酶、糖化淀粉酶等。实验证明，在小麦、大麦的休眠种子中含有 β-淀粉酶，而 α-淀粉酶是在发芽过程中生成的，其活性随萌发时间的延长而增高。所以，在禾谷类萌发的种子中，这两类淀粉酶都存在。α-淀粉酶随机切割淀粉内部的 α-1,4-糖苷键，可将淀粉水解为糊精和麦芽糖。而 β-淀粉酶则从非还原末端逐次以麦芽糖为单位切割 α-1,4-糖苷键，可把直链淀粉分解成麦芽糖。因此，淀粉水解是由两种淀粉酶共同催化的结果。

三、主要试剂

1. 萌发的小麦种子（芽长约 1cm）。

2. 碘化钾-碘溶液（KI-I$_2$），将碘化钾 20g 及碘 10g 溶于 100ml 蒸馏水中，临用前需稀释 10 倍。

3. 10% 甘油溶液，0.1% 淀粉液。

四、主要器材

恒温水浴箱或金属浴、研钵、锥形瓶等。

五、操作步骤

1. 酶的提取 称取 2g 萌发 3 天的小麦种子（芽长约 1cm），放入研钵中，加入约 10% 甘油溶液（约 50℃）10ml，研磨成匀浆，转移到锥形瓶中，放入 37℃ 恒温水浴或金属浴中保温约 1h，然后用纱布过滤，滤液为麦芽的酶提取液。

2. 麦芽淀粉酶活性的鉴定 取 3 支干净的试管，编号，并按表 2-5-1 操作。

表 2-5-1 麦芽淀粉酶活性鉴定实验操作所需材料表

试剂	管号		
	1	2	3
酶提取液（ml）	2（事先煮 10min 以上）	2	—
蒸馏水（ml）	—	—	2
0.1% 淀粉液（ml）	2	2	2

立即摇匀后，同时放入 37℃ 恒温水浴或金属浴中保温 10min，同时取出 3 支试管，冷却至室温，每支试管中各滴入 2 ~ 3 滴碘化钾-碘溶液，混匀，观察颜色变化，并解释实验结果。

六、注意事项

1. 小麦种子要充分研磨。

2. 提取时间要足够长。

3. 1 号试管中的酶提取液的煮沸时间一定要在 10min 以上。

七、思考题

1. 材料的破碎方法有哪些？

2. 为什么要在研钵中加入甘油热溶液？

3. 为什么在麦芽淀粉酶活性鉴定时要将三支试管都放入 37℃水浴中？

（谢　茜）

实验六　维生素 C 的定量测定

Ⅰ　2,6-二氯靛酚滴定法

一、目的要求

1. 掌握 2,6-二氯靛酚滴定法测定的原理和主要操作步骤。

2. 熟悉 2,6-二氯靛酚滴定法测定维生素 C 的特点。

二、实验原理

维生素 C，又称为抗坏血酸，是含有六碳的多羟基化合物，其水溶液有较强的酸性。维生素 C 还原性强，在碱性、加热及氧化剂条件下易被氧化分解，而在酸性条件下相对稳定。

本实验利用维生素 C 的还原性，对其进行定量测定。染料 2,6-二氯靛酚在碱性条件下，显蓝色；在酸性条件下，显红色；其氧化态显蓝色，还原态显无色。用碱性染料标准液（蓝色），滴定维生素 C 的酸性提取液，染料被还原而显无色，同时维生素 C 被氧化成脱氢维生素 C。根据染料 2,6-二氯靛酚的消耗量，即可计算出样品中维生素 C 的含量。

三、主要材料和试剂

1. 新鲜水果。

2. 2% 草酸溶液　称量 20g 草酸，溶于 700ml 蒸馏水中，再用蒸馏水定容至 1000ml。

3. 1% 草酸溶液　量取 2% 草酸溶液 500ml，用蒸馏水定容至 1000ml。

4. 0.02% 2,6-二氯靛酚溶液　称取 200mg 2,6-二氯靛酚，溶于含 104mg 碳酸氢钠的 500ml 热水中，冷却后用蒸馏水定容至 1000ml，过滤，滤液存于棕色瓶内，冷藏于 4℃ 条件下，临用前用维生素 C 标准液标定。

5. 维生素 C 标准液（0.02mg/ml）　称量 20mg 维生素 C，量取少量 1% 草酸溶液使其溶解，再用 1% 草酸溶液定容至 100ml，混匀。吸取上述溶液 5ml，用 1% 草酸溶液定容至 50ml，混匀，备用。

四、主要器材

乳钵、锥形瓶、滴定管等。

五、操作步骤

1. 还原性维生素 C 的提取　取新鲜水果可食用部分 5g 放入研钵，在研钵中加入 5ml 2% 草酸溶液，研磨样品至糊状，静置 10min，过滤，滤液转移至 50ml 容量瓶。反复抽提 3 次，并将滤液转入容量瓶中。最后，用 2% 草酸溶液定容至 50ml，混匀，备用。

2. 染料 2,6-二氯靛酚溶液的标定　量取维生素 C 标准液 1ml，置于锥形瓶中，再加入 1% 草酸溶液 9ml，用 2,6-二氯靛酚溶液滴定至淡红色（持续 15s 不褪为终点）。记录 2,6-二氯靛酚溶液的用量。

3. 样品的滴定　量取提取液 10ml，置于锥形瓶中。用 2,6-二氯靛酚溶液滴定提取液，呈淡红色（持续 15s 不褪为终点），记录 2,6-二氯靛酚溶液的用量。

同时，量取 1% 草酸溶液 10ml，置于锥形瓶中，用 2,6-二氯靛酚溶液滴定提取液，呈淡红色，做空白对照滴定。

样品提取液、空白对照分别做两次滴定。

4. 计算

（1）1ml 2,6-二氯靛酚溶液相当于维生素 C 含量的计算

$$S = \frac{C \times V_C}{V_D - V_B} \qquad (2\text{-}6\text{-}1)$$

式中，S 表示 1ml 2,6-二氯靛酚溶液相当于维生素 C 的含量（mg）；C 表示维生素 C 标准液的浓度（mg/ml）；V_C 表示标定时维生素 C 标准液使用的体积（ml）；V_D 表示滴定维生素 C 溶液所用的 2,6-二氯靛酚溶液的体积（ml）；V_B 表示滴定空白对照管所用的 2,6-二氯靛酚溶液的体积（ml）。

（2）还原型维生素 C 含量的计算

$$维生素 C 的含量（mg/100g 样品）= \frac{(V_A - V_B) \times S}{W} \times 100 \qquad (2\text{-}6\text{-}2)$$

式中，V_A 表示滴定样品提取液所用的 2,6-二氯靛酚溶液的体积（ml）；V_B 含义同上；S 含义同上；W 表示 10ml 样品提取液中样品的含量（g）。

六、注意事项

1. 本法测定的对象是样品中还原型维生素 C 的含量，并非维生素 C 总量。

2. 滴定过程应迅速，时间不应超过 2min。

3. 食物中还含有其他还原性物质，也可对 2,6-二氯靛酚起到还原作用，故该法测定的误差在 10% 左右。

七、思考题

1. 2,6-二氯靛酚滴定法测定维生素 C 含量的原理是什么？利用了维生素 C 的什么特性？

2. 2,6-二氯靛酚滴定法测定维生素 C 含量的优缺点是什么？

Ⅱ　2,4-二硝基苯肼比色法

一、目的要求

1. 掌握 2,4-二硝基苯肼比色法测定的原理及标准曲线的绘制。
2. 掌握分光光度计的使用及注意事项。

二、实验原理

总维生素 C 包括还原型、脱氢型和二酮古洛糖酸。将样品中还原性维生素 C 氧化为脱氢型，脱氢型维生素 C 继续被氧化成二酮古洛糖酸。二酮古洛糖酸可与 2,4-二硝基苯肼作用生成红色络合物脎。脎的含量与二酮古洛糖酸的含量成正比，即与总维生素 C 的含量成正比。将脎溶于硫酸中，在 540nm 处进行比色，即可计算出样品中总维生素 C 的含量。

还原型维生素C　　脱氢型维生素C　　二酮古洛糖酸　　2,4-二硝基苯肼　　二酮古洛糖脎（红色）

三、主要材料和试剂

1. 新鲜水果。

2. 2% 硫脲溶液　称量 2g 硫脲，溶于 100ml 1% 草酸溶液中。

3. 1% 硫脲溶液　称量 1g 硫脲，溶于 100ml 1% 草酸溶液中。

4. 4.5mol/L 硫酸　量取浓硫酸 250ml，缓慢倒入 700ml 蒸馏水中，冷却后用蒸馏水定容至 1000ml。

5. 2% 2,4-二硝基苯肼　称量 2,4-二硝基苯肼 2g，溶于 100ml 4.5mol/L 硫酸中。

6. 85% 硫酸　量取 900ml 浓硫酸，缓慢倒入 100ml 蒸馏水中。

7. 维生素 C 标准工作液（10μg/ml）　称量维生素 C 20mg，量取少量 1% 草酸溶液使其溶解，再用 1% 草酸溶液定容至 100ml，混匀。吸取上述溶液 50ml，加入 0.1g 活性炭，摇动 1min，过滤。吸取过滤液 5ml，用 1% 草酸溶液定容至 100ml，混匀，备用。

8. 酸化活性炭　称取 100g 活性炭，加入 750ml 1mol/L 盐酸中，回流 1～2h，过滤，用蒸馏水反复清洗，至滤液中无三价铁离子为止（用 1% 硫氰化钾溶液试验不显红色），然后放于 100～120℃烘箱烘干，备用。

9. 1mol/L 盐酸　量取 100ml 盐酸，加蒸馏水定容至 1200ml。

四、主要器材

匀浆机、天平、恒温水浴箱、紫外-可见分光光度计。

五、操作步骤

1. 样品的处理和分析

（1）取新鲜水果可食用部分 100g，并立即加入 2% 草酸溶液 100ml，用匀浆机制备成匀浆。

（2）称取匀浆 20g，移入 100ml 容量瓶，用 1% 草酸溶液定容至 100ml，混匀并过滤。

（3）量取滤液 25ml，加入酸化活性炭 2g，振荡 1min，静置过滤，收集中段过滤液。

（4）量取中段过滤液 10ml，加入 2% 硫脲溶液 10ml，混匀，作为稀释液备用。

（5）取试管 2 支，按表 2-6-1 操作。

表 2-6-1 2,4-二硝基苯肼比色法实验操作

试剂	样品管	样品空白管
稀释液（ml）	4	4
2% 2,4-二硝基苯肼（ml）	1	—
加盖，37℃条件下，保温 3h		
	冰水	冷却至室温
2% 2,4-二硝基苯肼（ml）	—	1
	冰水	室温放置 10～15min
两管均放于冰水中		
85% 硫酸（ml）	5	5
室温下放置 30min 后，500nm 处，用样品空白管调零，测样品管吸光度		

2. 标准曲线的绘制

（1）维生素 C 标准使用液的配制：取 50ml 容量瓶 5 个，按表 2-6-2 操作。

表 2-6-2 维生素 C 标准使用液配制

试剂	管号				
	1	2	3	4	5
维生素 C 标准工作液（ml）	10	20	30	40	50
1% 硫脲溶液（ml）	40	30	20	10	0
维生素 C 浓度（μg/ml）	2	4	6	8	10

（2）取试管 5 支，分别量取不同浓度的维生素 C 标准使用液 4ml，按照样品检测步骤操作，在波长 500nm 处，用试剂空白管调零，测各管吸光度。

（3）标准曲线的绘制：以吸光度为纵坐标，维生素 C 的浓度为横坐标，绘制标准曲线。

3. 计算

$$样品中总维生素C含量（mg/100g）=\frac{c}{m}\times100 \qquad (2\text{-}6\text{-}3)$$

式中，c 表示通过标准曲线查得样品稀释液中总维生素 C 的含量（mg）；m 表示所取滤液相当于样品的用量（g）。

六、注意事项

1. 整个操作过程需避光进行。

2. 加入 85%硫酸 30min 后，需立即比色，避免溶液颜色随时间推移而加深。

3. 检测中，若样品管的吸光度没有落在标准曲线上，可调整待测样品的用量或标准曲线的浓度范围。

七、思考题

1. 2,4-二硝基苯肼比色法测定维生素 C 的原理是什么？

2. 操作过程中，需要避光进行的原因是什么？

（张　技）

实验七　饱食、饥饿对肝糖原含量的影响

一、目的要求

1. 掌握肝糖原测定的原理。
2. 掌握饱食、饥饿状态下肝糖原含量的变化情况。
3. 熟悉肝糖原测定的主要操作步骤。

二、实验原理

在动物体内，糖的储存形式是糖原。糖原根据储存部位的不同，可分为肝糖原和肌糖原。肝糖原在维持血糖方面起重要的作用。饱食条件下，体内血糖水平升高，肝细胞摄取葡萄糖合成肝糖原，以降低血糖浓度；饥饿条件下，体内血糖水平降低，肝糖原则分解成葡萄糖，用于维持血糖浓度。

糖原为多分支结构，且分支短，其水溶液具有乳样光泽，与碘作用显红棕色。本实验利用其呈色反应的特点，以鉴定肝糖原的存在。

糖原在浓硫酸的作用下，水解生成葡萄糖后，再脱水生成5-羟甲基-2-呋喃甲醛。该产物可与蒽酮发生脱水缩合，而生成蓝绿色化合物。该有色物质在波长620nm处有最大吸收值，且溶液颜色的深浅与糖原的含量成正比。因此，可利用分光光度，对肝糖原含量进行定量测定。

三、主要试剂

1. **15%三氯乙酸**　称取三氯乙酸15g，加入蒸馏水定容到100ml。
2. **碘化钾-碘液**　称取碘化钾6g、碘4g，溶于100ml蒸馏水中，置于棕色瓶内。
3. **30%KOH（5.35mol/L）溶液**　称取KOH 30g，加入蒸馏水定容到100ml。
4. **0.05mg/ml标准葡萄糖液**　称取葡萄糖25mg，加入蒸馏水定容到500ml。
5. **90%H_2SO_4（17mol/L）**　量取蒸馏水30ml，加入浓$H_2SO_4$500ml。
6. **0.2%蒽酮溶液**　称取蒽酮0.2g，用90%H_2SO_4定容到100ml，置于棕色瓶内（该试剂性质不稳定，最好当天配制使用）。

四、实验用动物

昆明种小鼠（＞25g、雌雄不限）。

五、主要器材

可见光分光光度计、恒温水浴箱或金属浴、天平等。

六、操作步骤

1. **动物准备**　选择体重在25g以上的健康昆明种小鼠2只，饱食小鼠在实验前正常摄食、饮水，饥饿小鼠在实验前严格禁食但不禁水24h。
2. **肝糖原的定性检测**　分别取饱食、饥饿小鼠麻醉后用脱臼法处死，剖腹取出其肝

脏，用滤纸迅速把血液拭干。分别称量肝脏 3g，剪碎，放入研钵，迅速加入 15% 三氯乙酸溶液 30ml，研磨成糊状，静置 2min，过滤，收集滤液，比较两管提取液的乳样光泽。分别取饱食、饥饿小鼠肝脏滤液两滴，滴于白色比色板中，加碘液两滴，比较颜色的深浅并记录。

3. 肝糖原的定量测定

（1）精确称量饱食、饥饿小鼠肝脏各 0.5g，分别放入试管中，并各加 30%KOH 溶液 1.5ml。置沸水浴 15min，使肝组织全部溶解。随后，取出试管，冷却至室温，移入 100ml 容量瓶中，用蒸馏水定容到 100ml，充分混匀，得到饱食、饥饿小鼠糖原消化液。

取试管 4 支，按表 2-7-1 加入试剂。

表 2-7-1 肝糖原定量测定

加入物	空白管	标准管	样品管（饱食）	样品管（饥饿）
蒸馏水（ml）	1.0	—	—	—
0.05mg/ml 标准葡萄糖液（ml）	—	1.0	—	—
饱食糖原消化液（ml）	—	—	1.0	—
饥饿糖原消化液（ml）	—	—	—	1.0
0.2% 蒽酮溶液（ml）	2.5	2.5	2.5	2.5

各管混匀，置沸水浴或 100℃金属浴保温 10min，冷却至室温。在波长 620nm 处，用空白管调零，测定标准管、样品管（饱食）、样品管（饥饿）的吸光度。

（2）计算：通过公式分别计算出饱食、饥饿小鼠肝糖原含量。

$$肝糖原（g/100g肝组织）=\frac{A_{样品}}{A_{标准}}\times0.05\times\frac{100}{肝重（g）}\times\frac{100}{1000}\times1.11 \qquad (2\text{-}7\text{-}1)$$

式中，1.11 是本方法测得的葡萄糖含量换算成糖原含量的常数（111μg 糖原用蒽酮试剂相当于 100μg 葡萄糖用蒽酮试剂显示的颜色）。

七、注意事项

1. 糖原分支结构中，葡萄糖残基数目较少，常为 8 ～ 12 个葡萄糖残基，故与碘液作用呈红棕色；淀粉分支结构中，葡萄糖残基数目较长，故与碘液作用呈蓝色。

2. 肝糖原定性检测时，肝组织要研磨充分，以充分提取肝糖原。

八、思考题

1. 为什么小鼠体内肝糖原含量会随生存状况的改变而发生变化？

2. 肝糖原提取液为什么会有乳样光泽？

（张　技）

实验八　血糖的测定

血糖主要指血液中的葡萄糖。血糖的测定是临床生化检验中常见的检测项目。血糖测定的方法按照原理可分为无机化学法、有机化学法和酶法。Folin-Wu 法属于无机化学法，由于特异性差，现已淘汰。邻甲苯胺法属于有机化学法，特异性高，但不及酶法。己糖激酶法和葡萄糖氧化酶法均属于酶法，其中，己糖激酶法是国际推荐的参考方法，葡萄糖氧化酶法是我国推荐方法。

Ⅰ　Folin-Wu法

一、目的要求

1. 掌握 Folin-Wu 法测定血糖浓度的原理及血糖测定的临床意义。

2. 熟悉分光光度计的使用。

3. 熟悉 Folin-Wu 法测定血糖的主要操作步骤。

二、实验原理

葡萄糖是一种多羟基醛的化合物，其醛基具有还原性。在碱性条件下加热，葡萄糖可将二价铜离子（Cu^{2+}）还原成一价铜离子（Cu^+），从而生成砖红色的氧化亚铜（Cu_2O）沉淀。氧化亚铜可还原磷钼酸，生成蓝色化合物钼蓝。钼蓝颜色的深浅与葡萄糖的含量成正比，故可利用分光光度法，在波长 620nm 处测定钼蓝的吸光度，换算得到样品中葡萄糖的含量。

$$葡萄糖 + 2Cu(OH)_2 \xrightarrow{加热} 葡萄糖酸 + Cu_2O + 2H_2O$$

$$3Cu_2O + 磷钼酸 \longrightarrow 钼蓝 + 6CuO$$

三、主要试剂

1. 0.33mol/L H_2SO_4。

2. 10% Na_2WO_4。

3. 碱性铜试剂　称取无水 Na_2CO_3 40g，溶于 100ml 蒸馏水中，加入酒石酸 7.5g，若不易溶解可稍加热，冷却后，移入 1000ml 容量瓶中，量取纯结晶 $CuSO_4$ 4.5g 溶于 200ml 蒸馏水中，溶解后再将此溶液倾入上述容量瓶中，加蒸馏水至 1000ml 刻度，摇匀，放置备用。

4. 磷钼酸试剂　取纯钼酸 70g，溶于 10%NaOH 400ml 中，其中再加入 Na_2WO_4 10g，加蒸馏水至总体积约为 800ml，加热煮沸 30 ～ 40min，以去除钼酸中可能存在的 NH_3，冷却后，加 85%H_3PO_4 250ml，加蒸馏水定容至 1000ml 刻度，摇匀，储于棕色瓶中保存。

5. 标准葡萄糖液储存液　准确称取纯葡萄糖 1g，用 0.25% 苯甲酸液溶解，倾入 100ml 容量瓶中，最后加入 0.25% 苯甲酸液至刻度，摇匀，放至冰箱中保存。

6. 标准葡萄糖液应用液（0.025mg/ml）　准确取上述储存液 0.5ml 移入 200ml 容量瓶中，加入 0.25% 苯甲酸液定容至 200ml 刻度。

7. 0.25% 苯甲酸液　称取苯甲酸 2.5g 加入煮沸的蒸馏水 1000ml 中，冷却后备用。

四、主要器材

移液器、可见光分光光度计、恒温水浴箱或金属浴、漏斗等。

五、操作步骤

1. 无蛋白血滤液的制备

（1）取干净试管 1 支，加入蒸馏水 3.5ml。

（2）将 0.1ml 抗凝血加入蒸馏水中，充分混匀。

（3）再依次加入 0.33mol/L H_2SO_4 0.2ml，10% Na_2WO_4 0.2ml，充分混匀。

（4）静置 5～10min，待有澄清液出现后，过滤，收集滤液，即为无蛋白血滤液。

2. 取试管 3 支，按表 2-8-1 加入试剂。

表 2-8-1　Folin-Wu 法测定血糖

加入物（ml）	空白管	标准管	测定管
蒸馏水	2.0	—	—
葡萄糖标准液	—	2.0	—
无蛋白血滤液	—	—	2.0
碱性铜试剂	2.0	2.0	2.0
充分混匀，沸水浴或 100℃金属浴 8min，勿摇动，置冰水中冷却			
磷钼酸试剂	2.0	2.0	2.0
充分混匀，室温下放置 5min			
蒸馏水	3.0	3.0	3.0

混匀，在波长 620nm 处，以空白管调零比色，读取标准管与测定管吸光度。

3. 计算

$$血糖（mmol/L）=\frac{A_{测}}{A_{标}}\times 0.05\times\frac{4}{2}\times\frac{100}{0.1}\times 0.056 \tag{2-8-1}$$

式中，$A_{测}$ 表示测定管吸光度；$A_{标}$ 表示标准管吸光度。

参考值：空腹血糖浓度 4.4～6.7mmol/L。

六、实验结果与临床意义

1. 低血糖

（1）生理性低血糖：见于长期饥饿或持续剧烈运动。

（2）病理性低血糖：见于胰岛 B 细胞功能亢进导致胰岛素分泌增多，或胰岛 A 细胞功能低下导致胰高血糖素分泌减少；严重肝病导致肝脏调节血糖功能受损；垂体功能减退、肾上腺皮质功能降低等，导致升血糖激素生长素、糖皮质激素等分泌减少。

2. 高血糖

（1）生理性高血糖：见于情绪紧张导致的肾上腺素分泌增多，或高糖饮食。

（2）病理性高血糖：常见于胰岛素相对或绝对不足而引起的糖尿病。

七、注意事项

1. 本法测定结果比实际血糖含量偏高，无蛋白血滤液中除含有葡萄糖外，还含有其他还原性物质。

2. 测定时在加入碱性铜试剂后充分混匀，以使其充分发生反应；在煮沸后，切勿摇动，否则会被空气中的 O_2 氧化，使测定值偏低。

八、思考题

1. 与其他血糖测定方法相比，采用 Folin-Wu 法测定血糖浓度，其测定值偏高的原因是什么？

2. 在加入碱性铜试剂后，试管中发生了什么化学反应？加入磷钼酸试剂后，又发生了什么反应？

Ⅱ 邻甲苯胺法

一、目的要求

1. 掌握邻甲苯胺法测定血糖浓度的原理。
2. 熟悉邻甲苯胺法测定血糖浓度的主要操作步骤。
3. 了解邻甲苯胺法测定血糖浓度的特点。

二、实验原理

在酸性条件下，葡萄糖与邻甲苯胺共热，葡萄糖首先脱水转化成 5-羟甲基-2-呋喃甲醛，后者再与邻甲苯胺缩合形成蓝绿色化合物醛亚胺，其颜色深浅在一定范围内与血糖浓度成正比。因此，利用分光光度法，在 630nm 处测定醛亚胺的吸光度，可计算得到样品中葡萄糖的浓度。

三、主要试剂

1. 0.38mol/L 硼酸溶液 称量 24g 硼酸，溶于 800ml 蒸馏水中，再用蒸馏水定容至 1000ml，混匀，备用。

2. 邻甲苯胺试剂　称取 1.5g 硫脲，溶于 700ml 冰醋酸。随后，转入 1000ml 容量瓶中，再加入邻甲苯胺 60ml，0.38mol/L 硼酸溶液 100ml，用冰醋酸定容至 1000ml，混匀，置棕色瓶内，室温下放置 24h 后，即可使用。

3. 12mmol/L 苯甲酸溶液　称量 1.4g 苯甲酸，溶于 800ml 蒸馏水中，加温促溶，冷却后用蒸馏水定容到 1000ml。

4. 葡萄糖标准液（5mmol/L）　称取 1.802g 无水葡萄糖，溶于 70ml 12mmol/L 苯甲酸溶液中，再用 12mmol/L 苯甲酸溶液定容到 100ml，混匀，放置 2h 后，备用。

四、主要器材

移液器、可见光分光光度计、恒温水浴箱或金属浴。

五、操作步骤

1. 取试管 3 支，按表 2-8-2 加入试剂。

表 2-8-2　邻甲苯胺法测定血糖

加入物（ml）	空白管	标准管	测定管
新鲜血清	—	—	0.1
葡萄糖标准液	—	0.1	—
蒸馏水	0.1	—	—
邻甲苯胺试剂	3.0	3.0	3.0

2. 混匀，沸水浴或 100℃金属浴保温 5min，随后取出置冰水中 3min 以冷却。

3. 在波长 630nm 处，以空白管调零，读取标准管和测定管吸光度。

4. 计算

$$血糖（mmol/L）=\frac{A_{测}}{A_{标}}\times 5 \qquad (2\text{-}8\text{-}2)$$

式中，$A_{测}$为测定管吸光度；$A_{标}$为标准管吸光度。

参考值：空腹血糖浓度 3.89 ~ 6.11mmol/L。

六、注意事项

1. 本法参与反应的只有醛糖，其他还原性物质不参与反应，因此测定值比 Folin-Wu 法低。

2. 本法不需去除蛋白质，血清中的蛋白质可溶解在冰醋酸和硼酸中。

3. 沸水浴时，沸水一定要盖过试管内的液面，避免反应时温度不匀，而影响显色。

七、思考题

1. 哪些因素会影响邻甲苯胺法测定血糖的准确性？如何避免这些因素的影响？

2. 邻甲苯胺法测定血糖与 Folin-Wu 法比较，有什么不同？其测定值为什么更低？

Ⅲ 葡萄糖氧化酶法

一、目的要求

1. 掌握葡萄糖氧化酶法测定血糖的原理。

2. 熟悉葡萄糖氧化酶法的主要操作步骤。

3. 了解葡萄糖氧化酶法测正常人空腹血糖浓度的参考值及临床意义。

二、实验原理

葡萄糖在葡萄糖氧化酶（GOD）作用下，被氧化成葡萄糖酸，并释放出过氧化氢。在色原性氧受体存在的条件下，产物过氧化氢受过氧化物酶（POD）催化，分解成水和氧，同时色原性氧受体 4-氨基安替比林和酚缩合形成红色醌类化合物，其颜色的深浅与血糖浓度成正比。因此，利用分光光度法，在波长 505nm 处测定红色醌类化合物的吸光度，可计算得到样品中葡萄糖的浓度。

三、主要试剂

1. 葡萄糖测定试剂 包含 36kU/L 葡萄糖氧化酶、1kU/L 过氧化物酶、pH7.0 磷酸盐缓冲液、1ml/L 酚、0.102g/L 4-氨基安替比林。

2. 葡萄糖校准液 包含 1.099g/L 葡萄糖、苯甲酸（浓度为 5.55mmol/L）。

四、主要器材

移液器、可见光分光光度计、恒温水浴箱或金属浴。

五、操作步骤

1. 取试管 3 支，按表 2-8-3 加入试剂。

表 2-8-3   葡萄糖氧化酶法测定血糖

加入物（μl）	空白管	标准管	测定管
蒸馏水	20	—	—
校准液	—	20	—
血清	—	—	20
葡萄糖试剂	2000	2000	2000

混匀，37℃水浴或金属浴保温 10min。在波长 505nm 处，以空白管调零比色，读取标准管与测定管吸光度。

2. 计算

$$血清葡萄糖（mmol/L）=\frac{测定管吸光度（A）}{标准管吸光度（A）}×校准液浓度 \qquad (2\text{-}8\text{-}3)$$

参考值：空腹血清葡萄糖浓度 3.89 ～ 6.11mmol/L。

六、注意事项

1. 本法用血量极少，应保证样品全加入试剂中，以确保测定结果可靠。

2. 血清不能存放过久，且应注意低温无菌保存。

3. 严重黄疸、溶血及乳样浑浊血清需先制备无蛋白血滤液，再进行测定，否则可引起测定结果偏低。

七、思考题

1. 葡萄糖氧化酶法测定血糖浓度的特点是什么？
2. 血糖测定的临床意义是什么？

Ⅳ   己糖激酶法

一、目的要求

1. 熟悉己糖激酶法的测定原理。

2. 了解己糖激酶法的特点和主要操作步骤。

二、实验原理

己糖激酶（HK）可催化葡萄糖和三磷酸腺苷（ATP）反应，生成葡萄糖-6-磷酸（G-6-P）和腺苷二磷酸（ADP）。葡萄糖-6-磷酸脱氢酶（G-6-PD）催化葡萄糖-6-磷酸脱氢，生成 6-磷酸葡萄糖酸（GA-6-P），同时 $NADP^+$ 被还原成 $NADPH+H^+$，且其生成速率与葡萄糖的浓度成正比。因此，利用分光光度法，在波长 340nm 处，检测 $NADPH+H^+$ 吸光度升高速率，计算得到样品中葡萄糖的浓度。

$$葡萄糖+ATP \xrightarrow{\text{HK}} 葡萄糖\text{-}6\text{-}磷酸+ADP$$

$$葡萄糖\text{-}6\text{-}磷酸+NADP^+ \xrightarrow{\text{G-6-PD}} 6\text{-}磷酸葡萄糖酸+NADPH+H^+$$

三、主要试剂

1. 12mmol/L 苯甲酸溶液 称量 1.4g 苯甲酸，溶于 800ml 蒸馏水中，加温促溶，冷却后用蒸馏水定容到 1000ml。

2. 葡萄糖标准液（5mmol/L） 称取 1.802g 无水葡萄糖，溶于 70ml 12mmol/L 苯甲酸溶液中，再用 12mmol/L 苯甲酸溶液定容到 100ml，混匀，放置 2h 后，备用。吸取上述溶液 5ml，用 12mmol/L 苯甲酸溶液定容到 100ml，混匀，备用。

3. 酶混合试剂 组成成分包括三乙醇胺盐酸缓冲液、三磷酸腺苷、氧化型辅酶Ⅱ、葡萄糖-6-磷酸脱氢酶、己糖激酶。试剂盒厂家不同，各组成成分浓度会有所不同。

4. 生理盐水。

四、主要器材

可见-紫外分光光度计、恒温水浴箱等。

五、操作步骤

1. 速率法 使用全自动生化分析仪，仪器的操作程序、测定参数（如系数、温度、波长、孵育时间、吸样量、检测时间和次数等）需按说明书操作。

2. 终点法 取试管 4 支，按表 2-8-4 操作。

表 2-8-4 己糖激酶法测定血糖实验操作

加入物（ml）	测定管	对照管	标准管	空白管
血清	0.02	0.02	—	—
葡萄糖标准液	—	—	0.02	—
生理盐水	—	2.0	—	0.02
酶混合试剂	2.0	2.0	2.0	2.0

混匀，37℃水浴或金属浴保温 10min。在波长 340nm 处，以空白管调零比色，读取各管吸光度。

3. 计算

速率法：

$$血清葡萄糖（mmol/L）=\frac{\Delta A_{测}/min - \Delta A_{空}/min}{\Delta A_{标}/min - \Delta A_{空}/min}\times 系数 \tag{2-8-4}$$

式中，$\Delta A_{测}/min$ 表示测定管吸光度升高速率；$\Delta A_{标}/min$ 表示标准管吸光度升高速率；$\Delta A_{空}/min$ 表示空白管吸光度升高速率。

终点法：

$$血清葡萄糖（mmol/L）=\frac{A_{测}-A_{对}-A_{空}}{A_{标}-A_{空}}\times 5 \tag{2-8-5}$$

式中，$A_{测}$ 表示测定管吸光度；$A_{对}$ 表示对照管吸光度；$A_{标}$ 表示标准管吸光度；$A_{空}$ 表示空白管吸光度。

参考值：空腹血糖 3.89 ～ 6.11mmol/L。

六、注意事项

本方法特异性比葡萄糖氧化酶法高，灵敏度高，受干扰因素少，轻度溶血、黄疸、维生素 C、肝素、氟化钠、草酸盐、乙二胺四乙酸（EDTA）等对本法均无干扰，但会受到一些能消耗 $NADP^+$ 酶、中度以上溶血等因素的影响。

七、思考题

1. 己糖激酶法测定血糖的原理是什么？有哪些特点？
2. 血糖的来源和去路有哪些？

（张　技）

实验九　胰岛素和肾上腺素对血糖浓度的影响

一、目的要求

1. 掌握胰岛素、肾上腺素调节血糖的机制。
2. 掌握血糖仪的使用方法。

二、实验原理

血糖主要指血液中的葡萄糖。正常成人体内有着严格的血糖调节机制，使血糖含量维持相对恒定。其调节涉及肝、肾、神经及激素的调节。调节血糖的激素包括降糖激素和升糖激素两类。胰岛素是降低血糖的主要激素。胰岛素主要通过抑制糖原的分解和糖异生作用，促进葡萄糖进入细胞内，促进糖的氧化分解，促进糖原合成，促进糖转变为其他物质等起到降糖的作用。升糖激素包括胰高血糖素、肾上腺素、糖皮质激素、生长素等。其中，胰高血糖素是升高血糖的主要激素，肾上腺素的升糖作用迅速且明显。肾上腺素主要通过促进肌糖原的分解和无氧酵解，促进肝糖原分解而起到升糖作用。

本实验拟观察小鼠注射胰岛素和肾上腺素前后血糖的变化情况。

三、实验用药物

0.09U/ml 门冬胰岛素、0.24% 肾上腺素。

四、实验用动物

昆明种小鼠（体重 18 ～ 20g，雌雄不限）。

五、主要器材

血糖仪、血糖试纸、小鼠固定器、手术剪、注射器、干棉球等。

六、操作步骤

1. 动物的准备　选择体重为 18 ～ 20g 的小鼠两只。
2. 注射激素前取血，并检测血糖　分别将两只小鼠置于实验台上，抓住小鼠尾部，将其放入小鼠固定器中，并旋紧螺栓，固定小鼠。麻醉后，用手术剪剪去鼠尾尖约 0.5cm。将尾尖血滴于血糖试纸反应窗，以血糖仪读数并记录（单位：mmol/L），迅速用干棉球压迫止血。
3. 注射激素、取血，并检测血糖　两只小鼠分别注射胰岛素和肾上腺素。
单手固定小鼠，暴露小鼠腹部。皮下注射门冬胰岛素 0.2ml，准确记录注射时间，40min 后再次鼠尾取血，测量血糖并记录；腹腔注射肾上腺素 0.2ml，准确记录注射时间，30min 后再次鼠尾取血，测量血糖并记录。
4. 处理　麻醉后，颈椎脱臼法处死小鼠。
5. 计算　分别计算注射胰岛素后血糖降低的百分率和注射肾上腺素后血糖升高的百分率。

七、注意事项

1. 取血动作应轻柔，避免小鼠过于紧张，引起肾上腺素分泌增加。

2. 注射肾上腺素注意进针方向，避免损伤内脏。

3. 注射肾上腺素后，取血时间应准确。

八、思考题

1. 胰岛素降低血糖的机制是什么？

2. 肾上腺素升高血糖的机制是什么？

3. 血糖浓度能够维持恒定的原因是什么？

（张　技）

实验十　剧烈运动对尿中乳酸含量的影响

I　尿乳酸测定

一、目的要求

1. 掌握乳酸鉴定的实验原理和方法。

2. 了解体内乳酸的生成过程。

二、实验原理

乳酸是葡萄糖无氧氧化的产物。静息状态下，体内氧供应充足，肌肉收缩所需的能量主要来自糖的有氧分解。但在剧烈运动时，体内氧供应相对不足，葡萄糖无氧分解加强，从而产生大量乳酸。部分乳酸从尿液排出，尿中乳酸含量升高。

乳酸与浓酸共热可形成乙醛，乙醛与白藜芦素作用，可生成桃红色的化合物，利用这一化学特征可鉴定尿中有无乳酸存在。

$$CH_3CH(OH)COOH \xrightarrow[\triangle]{浓硫酸} CH_3CHO + CO\uparrow + H_2O$$

三、主要试剂

1. 浓硫酸。

2. 0.2% 白藜芦素液（无水乙醇溶液）。

四、主要器材

水浴锅或金属浴、烧杯等。

五、操作步骤

1. 收集尿液　收集成人运动前尿液，然后饮水 50ml 左右，做短时间剧烈运动，直至出现疲劳感及呼吸急促，有相对缺氧情况，收集运动后尿液。

2. 乳酸鉴定　取试管 2 支，按表 2-10-1 加入试剂。

表 2-10-1　尿乳酸测定

编号	尿液	浓硫酸
1	运动前尿液 3 滴	20 滴
2	运动后尿液 3 滴	20 滴

将两管分别充分混匀，100℃保温 3 ～ 4min，静置待其冷却后两管分别滴 2 滴 0.2% 白藜芦素液。

仔细观察两者颜色区别并进行解释。

六、注意事项

1. 收集运动前尿液，其后进行短时间剧烈运动，必须要出现相对缺氧情况才能收集运动后尿液。

2. 在尿液中加入浓硫酸后须充分摇匀，否则影响实验结果。

七、思考题

1. 体内的乳酸是怎么生成的？

2. 运动后尿液中乳酸含量会发生什么变化？为什么？

Ⅱ　血乳酸含量测定（酶法）

目前，临床上检测的葡萄糖分解代谢中间产物主要是丙酮酸和乳酸。

乳酸的测定方法有化学氧化法、电化学分析法。化学氧化法虽灵敏、准确，但反应条件难以控制，且费时费力；电化学分析法虽省时，可自动化，但需特殊仪器；酶法能直接测定乳酸，既简单易行，又适用于一般自动分析仪。所以本文介绍酶法。

一、目的要求

1. 掌握酶法测定血乳酸含量的原理和方法。

2. 了解静脉血清乳酸的正常范围及临床意义。

二、实验原理

在 NAD^+ 存在的条件下，L-乳酸脱氢酶（LDH）催化 L-乳酸脱氢氧化生成丙酮酸，然后加入硫酸肼捕获产物丙酮酸，以促进催化反应完成。反应完成后，生成与底物乳酸等摩尔的 $NADH + H^+$，由于 NADH 在 340nm 处有特殊的紫外吸收峰，因此在 340nm 波长测定 $NADH + H^+$ 的吸光度值，可计算出乳酸的含量。

$$L\text{-乳酸} + NAD^+ \xleftrightarrow{\ LDH\ } \text{丙酮酸} + NADH + H^+$$

三、主要试剂

1. 0.625mol/L 偏磷酸（MPA） 称取 MPA 5.0g，溶于蒸馏水中，并定容到 100ml。新鲜配制。

2. 0.375mol/L 偏磷酸（MPA） 称取 MPA 3.0g，溶于蒸馏水中，并定容到 100ml。新鲜配制。

3. Tris-硫酸肼缓冲液（Tris 79mmol/L；硫酸肼 400mmol/L；pH 9.6） 取 1mol/L 氢氧化钠 350ml，加入 Tris 4.79g，硫酸肼 26g，EDTA-Na$_2$ 0.93g，以 1mol/L 氢氧化钠调 pH 至 9.6，然后用蒸馏水定容至 500ml。

4. NAD$^+$溶液 根据需要称取 NAD$^+$溶于蒸馏水中，使之浓度为 20mg/ml。4℃储存可以稳定 48h。

5. LDH 溶液 取 LDH 原液，用生理盐水定容为 1500U/ml。

6. 1mmol/L L-乳酸标准液 准确称取 L-乳酸 9.6mg 以少量蒸馏水溶解，加入 25μl 浓硫酸，用蒸馏水定容到 100ml。4℃储存可长期稳定。

四、主要器材

普通离心机、可见光分光光度计。

五、操作步骤

1. 制备无蛋白血 取试管 1 支，加入蒸馏水 4ml，血清 0.5ml，再加入 0.326mol/L 硫酸和 10% 钨酸钠各 0.25ml，充分混匀，3000r/min，离心 10min，取上清液备用。

2. 按表 2-10-2 进行操作。

表 2-10-2 酶法测定血乳酸含量

加入物（ml）	空白管	标准管	测定管
Tris-硫酸肼缓冲液	2.0	2.0	2.0
0.375mol/L MPA	0.1	—	—
1mmol/L 乳酸标准液	—	0.1	—
无蛋白血	—	—	0.1
上述各管混匀			
LDH 溶液	0.03	0.03	0.03
NAD$^+$溶液	0.2	0.2	0.2

混匀，室温放置 15min，在 340nm 波长处比色，空白管调零，读取各管吸光度值。

2. 计算

$$乳酸（mmol/L）= \frac{测定管吸光度}{标准管吸光度} \times 乳酸标准液浓度 \times 稀释因子 D \quad\quad (3-10-1)$$

参考值：静脉血清乳酸 0.5 ~ 1.7mmol/L，血浆乳酸约比全血乳酸高 7%；尿乳酸 5.5 ~ 22mmol/(L·24h) 尿。

方法学评价：本方法线性范围为 5.6mmol/L，回收率为 101% ~ 104%，变异系数＜5%。但因线性范围上限低，样品常需适当稀释，并需要把这些落在线性范围的稀释倍数用于计算。

六、实验结果与临床意义

与剧烈活动有关的组织缺氧会使血清乳酸浓度升高，出现轻微的、一过性的（运动一旦停止就会消失）乳酸酸中毒，同时伴随肌肉疼痛和局部痉挛。但若组织缺氧是由于低灌注状态（如循环衰竭或休克）或者呼吸性酸中毒引起的，则会出现严重的乳酸中毒，甚至危及生命。此外，败血症、恶性肿瘤、严重脱水、糖尿病酮症酸中毒等使氧消耗增加或氧运输障碍等病理改变都可能导致乳酸中毒。

对于血气分析测定时无法解释的代谢性酸中毒，可以用乳酸分析来检测其代谢基础。乳酸血症的严重程度可以提示潜在疾病的严重性，血乳酸水平＞10.5mmol/L 的患者，其存活率（约 30%）比乳酸水平低的患者的存活率（约 65%）更低。

七、注意事项

1. 应在空腹及静息状态下取血。最好用肝素化的注射器抽血，抽取后立即将血液注入预先称重的试管（含有冰冷蛋白沉淀剂）中。如用血浆测定，每毫升血用 2mg 草酸钾及 10mg 氟化钠抗凝，立即冷却标本，并在 15min 内离心。

2. 抽血前将试管编号，称重（W_t）并记录。加入 6ml MPA（0.625mol/L），再称重（W_m），放入冰浴，每份标本最好做双管分析。抽血后，立即注入上述试管中，每管 2ml。小心混合，不可产生气泡。待试管温度与室温平衡后，称重（W_b）。静置 15min 后，离心（4000r/min，15min）。上清液必须澄清。按下式计算稀释因子（D）。

$$D = \frac{W_b - W_t}{W_b - W_m}$$（3-10-2）

八、思考题

1. LDH 所催化的酶促反应是怎样的？
2. 哪些病理情况会导致乳酸酸中毒？

（金沈锐）

实验十一 血清脂蛋白琼脂糖凝胶电泳

一、目的要求

1. 掌握琼脂糖凝胶电泳分离血清脂蛋白的原理。
2. 掌握正常人血清脂蛋白的分类及血清脂蛋白电泳的结果与意义。
3. 熟悉血清脂蛋白电泳的操作要点及注意事项。

二、实验原理

琼脂糖凝胶电泳是用琼脂或琼脂糖作支持介质的一种电泳方法。借助琼脂糖凝胶的分子筛作用，根据不同血清脂蛋白带电性质、所带电荷量及颗粒大小等差异对其进行分离。实验时将血清脂蛋白用脂类染料（苏丹黑或油红等）进行预染，再将预染过的血清置于琼脂糖凝胶板上进行电泳分离，通电后，可以看出脂蛋白由负极向正极移动，由于不同血清脂蛋白在凝胶中的迁移速率不同，可分离为几个区带。

三、主要试剂

1. **巴比妥缓冲液（pH 8.6，离子强度 0.075）** 为电极缓冲液。巴比妥钠 15.4g，配制时称取巴比妥 2.76g，EDTA 酸 0.292g，用蒸馏水定容至 1000ml。

2. **三羟甲基氨基甲烷缓冲液（pH 8.6）** 为凝胶缓冲液。三甲基氨基甲烷 1.212g，EDTA 酸 0.29g，NaCl 15.85g 用蒸馏水定容至 1000ml。

3. **0.45% 琼脂糖凝胶** 称取琼脂糖 0.45g，三羟甲基氨基甲烷缓冲液 50ml，蒸馏水 50ml 加热至沸腾，待琼脂糖溶解后立即停止加热。

4. **苏丹黑 B 染色液** 适量苏丹黑 B 加到无水乙醇中至饱和，振荡使之乙酰化，用前过滤。

5. **油红 O 染色液** 油红 O 0.5g，异丙醇 100ml 混匀制成原液。临用前取 6ml 原液，加 4ml 蒸馏水，静置 5 ～ 10min，过滤后于 2h 内使用。

四、主要器材

1. **挖槽工具制作切口刀** 刀口长 15mm 的刀片，中央夹一有机玻璃或木片，用螺丝固定，使两刀片相距 1.5mm。挖槽小匙：用直径 1.5mm 的铜丝约 6cm 长，一端锤成扁平，用砂纸磨光。

2. **载玻片、水平电泳槽、电泳仪、台式离心机等。**

五、操作步骤

1. **预染血清** 0.2ml 血清、苏丹黑 B 染色液 0.02ml 于小试管内，混合后置 37℃水浴染色 30min，2000r/min 离心，5min。

2. **制备琼脂糖凝胶板** 将已配制的 0.45% 琼脂糖凝胶于沸水浴中加热融化，用吸管吸取凝胶液浇注载玻片，每片约 2.5ml，静置 30min 左右凝固（天热时可延长时间或置冰箱中加速凝固）。也可用制胶器直接制作琼脂糖凝胶板。

3. 点样 在已凝固的琼脂凝胶板距一端 2cm 处，用切口刀片垂直切入凝胶后立即取出，然后用注射针头将长方小条凝胶取出以制作胶孔。以小片滤纸吸干胶孔中的水分，加入预染血清 15μl 于凝胶板的胶孔内。

4. 电泳 将加过血清的凝胶板平行放于电泳槽中，样品放于阴极一端，两块三层纱布于巴比妥缓冲液中浸润（注意此缓冲液不能用三羟甲基氨基甲烷缓冲液代替），然后轻轻紧密贴在凝胶板两端，纱布的另一端浸于电泳槽内的巴比妥缓冲液，接通电源，电压为 120～130V，每片电流为 3～4mA，电泳 30～55min，即可见分离的色带。

六、实验结果与临床意义

1. 正常人空腹血清脂蛋白可出现三条区带，从阴极到阳极依次为 β-脂蛋白（最深）、前 β-脂蛋白（最浅）、α-脂蛋白（比前 β-脂蛋白略深些），在原点应无乳糜微粒。

2. 如果前 β-脂蛋白比 α-脂蛋白深，结合血清三酰甘油明显升高和胆固醇正常或略高，可以确定为Ⅵ型高脂蛋白血症。

3. 如果 β-脂蛋白区带比正常血清明显深染者，同时结合血清总胆固醇明显增高，三酰甘油正常者为Ⅱa 型。若结合血清总胆固醇增高而三酰甘油略高和前 β-脂蛋白略深者为Ⅱb 型。

4. 如果 β-脂蛋白和前 β-脂蛋白两区带分离不开，连在一起，称为"宽 β 区带"，结合血清三酰甘油和胆固醇均有增高，可定为Ⅲ型。

5. 如果原点出现乳糜微粒，β-脂蛋白、前 β-脂蛋白均正常或减低，结合血清三酰甘油明显升高，可定为Ⅰ型。

七、注意事项

1. 电泳样品要求为新鲜的空腹血清。

2. 预染血清与温度有关，低温着色慢，高温着色快，37℃较为适宜。

3. 每一块凝胶上可平行挖两条胶孔，因而可加两个样品。

4. 如果用一形状大小和胶孔一样的有机玻璃片，在琼脂糖胶凝固前固定于适当位置上，当凝固后取出有机玻璃片，凝胶板上留下胶孔可直接加样，不需挖槽。

5. 如果需要保留电泳样本，可将电泳后凝胶板（连同玻片）放于清水中浸泡脱盐 2h，然后放烘箱（80℃左右）烘干即可。要严控脱水的温度和速度，避免温度过高和速度过快，否则会出现凝胶收缩龟裂。

八、思考题

1. 琼脂糖凝胶电泳有哪些操作要点？

2. 血清为什么要进行预染？电泳时为什么样品要放于阴极一端？

3. 电泳时为什么要用两块三层纱布浸于电极缓冲液中？

4. 各种脂蛋白的功能是什么？为什么正常人血清脂蛋白电泳时见不到乳糜微粒？

（杨友均）

实验十二　脂肪酸 β-氧化与酮体的生成和利用

一、目的要求

1. 掌握检查酮体的原理和方法。
2. 了解脂肪酸氧化的过程。
3. 了解酮体的概念及其在体内的生成部位和氧化部位。

二、实验原理

含有偶数碳原子的天然脂肪酸，在脂酰 CoA 合成酶的催化下，活化为脂酰 CoA，脂酰 CoA 从细胞质进入线粒体后，在线粒体中进行 β-氧化：依次经过脱氢、加水、再脱氢、硫解四步连续反应，产生 1 分子乙酰 CoA 和减少 2 个碳原子的脂酰 CoA，如此反复进行，直到含偶数碳的脂酰 CoA 全部变成乙酰 CoA。

$$R-CH_2-CH_2-CH_2-\overset{O}{\overset{\|}{C}}\sim SCoA \qquad 脂酰CoA$$

脂酰CoA脱氢酶　$\downarrow$ FAD → FADH₂　脱氢

$$R-CH_2-CH=CH-\overset{O}{\overset{\|}{C}}\sim SCoA \qquad \Delta^2反-烯脂酰CoA$$

Δ^2反-烯酰水化酶　$\downarrow$ H_2O　加水

$$R-CH_2-\overset{OH}{\underset{|}{CH}}-CH_2-\overset{O}{\overset{\|}{C}}\sim SCoA \qquad L-\beta-羟脂酰CoA$$

β-羟脂酰CoA脱氢酶　$\downarrow$ NAD^+ → $NADH+H^+$　再脱氢

$$R-CH_2-\overset{O}{\overset{\|}{C}}-CH_2-\overset{O}{\overset{\|}{C}}\sim SCoA \qquad \beta-酮脂酰CoA$$

β-酮脂酰CoA硫解酶　$\downarrow$ HSCoA → $CN_2-\overset{O}{\overset{\|}{C}}\sim SCoA$　硫解

$$R-CH_2-\overset{O}{\overset{\|}{C}}\sim SCoA \qquad 脂酰CoA（少两碳原子）$$

脂肪酸 β-氧化产生的乙酰 CoA 在肝脏中可作为酮体的合成原料，经酮体合成途径合成酮体。酮体在肝细胞线粒体内生成，其主要途径是由两分子乙酰 CoA 在硫解酶的催化下缩合生成乙酰乙酰 CoA，乙酰乙酰 CoA 再与另一分子乙酰 CoA 在 HMGCoA 合酶的催化下缩合成 β-羟基-β 甲基戊二酰 CoA（HMGCoA），HMGCoA 在 HMGCoA 裂解酶的作用下，生成一分子乙酰 CoA 和一分子乙酰乙酸；在肝中还有另一种脱酰酶，它能直接催化乙酰乙酰 CoA 脱去 CoA，生成乙酰乙酸。乙酰乙酸可在 β-羟丁酸脱氢酶的催化下加氢还原生成 β-羟丁酸，另有少量乙酰乙酸可脱羧基生成丙酮。乙酰乙酸、β-羟丁酸和丙酮三者合称为酮体。

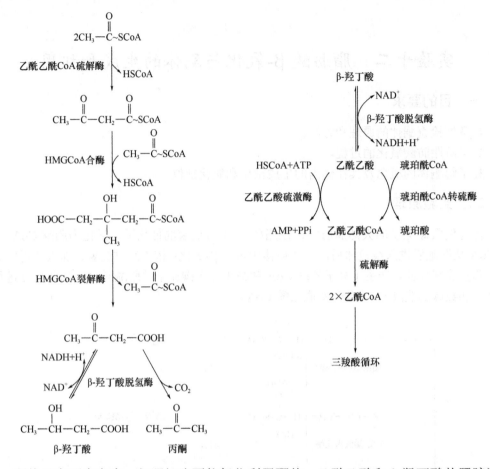

酮体虽在肝中产生，但肝细胞不能氧化利用酮体，乙酰乙酸和 β-羟丁酸从肝脏进入血液循环后，由血液运送到肝以外其他组织（如心、肾、脑及骨骼肌）的线粒体中进行氧化。因为这些组织的线粒体中存在琥珀酰 CoA 转硫酶或乙酰乙酸 CoA 硫激酶，可使乙酰乙酸活化为乙酰 CoA，而肝脏却缺乏这两种酶。乙酰乙酰 CoA 硫解生成的乙酰 CoA 可在肝外组织进入三羧酸循环，彻底氧化分解生成 H_2O 和 CO_2 并产生 ATP。

酮体可出现于血液和尿中，检查血酮体和尿酮体水平对于诊断某些疾病有重要的意义。但健康人尿酮体水平极低，一般化学方法检查不出来。

酮体检查一般采用亚硝基铁氢化钠法。其原理是乙酰乙酸或丙酮在碱性环境中与酮体粉剂产生紫红色环，酮体粉剂中含有亚硝基铁氰化钠 $[Na_2Fe(CN)_5NO]$、Na_2CO_3 和 $(NH4)_2SO_4$，其反应过程如下所述：

$$Na_2CO_3 + H_2O \longrightarrow NaOH + NaHCO_3$$

$$2NaOH + (NH_4)_2SO_4 \longrightarrow 2NH_4OH + Na_2SO_4$$

$$酮体 + 亚硝基铁氰化钠 \xrightarrow{浓氨水} 两液界面出现紫红色环$$

三、主要试剂

1. 生理盐水。

2. 1/15mol/L 磷酸盐缓冲液（pH 7.6）　按 1/15mol/L Na_2HPO_4 86.8ml 和 1/15mol/L KH_2PO_4

13.2ml 配制。

　　3. 0.5mol/L 丁酸溶液。

　　4. 15% 三氯乙酸。

　　5. 浓氨水。

　　6. 丙酮或乙酰乙酸。

　　7. 酮体粉剂　取亚硝基铁氰化钠 0.5g，Na_2CO_3 10g 和 $(NH_4)_2SO_4$ 20g，分别在适当温度下烘干至无水状态，然后研细混匀，储存于有色的磨口瓶内，放于干燥器中，置暗处保存。

四、实验用动物

家兔。

五、主要器材

匀浆机、恒温水浴箱、漏斗、棉花、滴管等。

六、操作步骤

（一）观察丁酸的 β-氧化与酮体的生成

　　1. 制备肌、肝组织匀浆，麻醉后处死家兔，取肝脏和肌肉，并称重放入两个匀浆机内磨成匀浆，然后加入一定量的生理盐水（$W:V=1:4$）。

　　2. 取 2 支试管，分别编号并依次加入下列各试剂（表 2-12-1）。

表 2-12-1　丁酸的 β-氧化

试剂	试管 1	试管 2
磷酸盐缓冲液	1ml	1ml
0.5mol/L 丁酸	2ml	2ml
肌匀浆	—	30 滴
肝匀浆	30 滴	—

充分混匀，于 37℃保温 60min。

　　3. 取出 2 支试管，各加入 15% 三氯乙酸 1ml，充分混匀。

　　4. 静置 5min，过滤，得滤液Ⅰ与滤液Ⅱ。

　　5. 另取试管 2 支，分别编号，并加入下列各试剂（表 2-12-2）。

表 2-12-2　酮体的生成

试剂	试管 1	试管 2
滤液Ⅰ	20 滴	—
滤液Ⅱ	—	20 滴
酮体粉	一小匙	一小匙

　　6. 充分混匀后，倾斜 2 支试管，沿各管壁小心地加入浓氨水约 1ml，使形成两液界面（二层接触面），静置片刻观察两管二层接触面出现的颜色环。

（二）观察酮体的利用

1. 取肝、肌匀浆（见实验一），按表 2-12-3 加入试剂。

表 2-12-3　酮体的利用 1

试剂	试管 1	试管 2
磷酸盐缓冲液	1ml	1ml
乙酰乙酸	3 滴	3 滴
肌匀浆	—	30 滴
肝匀浆	30 滴	—

充分混匀，于 37℃ 水浴中保温 60min。

2. 取出 2 支试管，于各管分别加入 15% 三氯乙酸 1ml，摇匀，静置片刻后，过滤，得滤液Ⅲ与滤液Ⅳ。

3. 另取中试管 2 支，加入下列各试剂（表 2-12-4）。

表 2-12-4　酮体的利用 2

试剂	试管 1	试管 2
滤液Ⅲ	20 滴	—
滤液Ⅳ	—	20 滴
酮体粉剂	一小匙	一小匙

4. 充分混匀后，倾斜 2 支试管，沿各管壁小心地加入浓氨水约 1ml，使之形成二层接触面，静置片刻观察两管二层接触面出现的颜色环。

七、注意事项

1. 须用新鲜肝脏和肌肉制备肌组织匀浆和肝组织匀浆，否则影响实验效果。

2. 加入浓氨水时，须倾斜 2 支试管，沿各管壁小心地逐滴加入，使形成两液界面。

八、思考题

1. 含有偶数碳原子的天然脂肪酸在体内是怎样被氧化的？

2. 为何在肝内不能氧化利用酮体？

（金沈锐）

实验十三 血清蛋白乙酸纤维素薄膜电泳

一、目的要求

1. 掌握血清蛋白乙酸纤维素薄膜电泳分离血清蛋白的原理；掌握正常人血清蛋白的分类、含量及临床意义。

2. 熟悉乙酸纤维素薄膜电泳的特点、主要操作步骤及注意事项。

3. 了解乙酸纤维素薄膜电泳各血清蛋白组分的定量测定。

二、实验原理

蛋白质的等电点大多在 pH 5.0～7.0，将其置于偏离等电点的环境中，蛋白质带上电荷，带电颗粒在电场中移动，移动的速度（即电泳迁移率）与所带电荷量呈正相关，与颗粒半径呈负相关。由于血清蛋白不同组分在同一 pH 条件下所带电荷量不同、颗粒大小不同，因此其电泳迁移率不同。此外，分子量的差异也会导致蛋白质颗粒在电场中迁移速率不同。见表 2-13-1。

本实验是以乙酸纤维素薄膜为支持物，带电荷的血清蛋白通过乙酸纤维素薄膜表面细密的微孔在电场中移动。将微量血清在 pH 8.6 的条件下电泳，血清中的蛋白会由负极向正极移动。由于不同蛋白的等电点、分子量不同，导致其在乙酸纤维素薄膜上迁移率存在差异，血清蛋白不同组分向正极移动的速度不同，停止电泳后染色，便能在薄膜上观察到血清蛋白的分离区带。

表 2-13-1 人血清蛋白的等电点及迁移率

血清蛋白名称	等电点	泳动度 [cm²/(V·S)]	分子量（Da）
白蛋白	4.88	5.9×10^{-5}	69 000
α₁ 球蛋白	5.06	5.1×10^{-5}	200 000
α₂ 球蛋白	5.06	4.1×10^{-5}	300 000
β 球蛋白	5.12	2.8×10^{-5}	9 000～150 000
γ 球蛋白	6.85～7.50	1.0×10^{-5}	156 000～300 000

三、主要试剂

1. 巴比妥缓冲液（pH 8.6，离子强度 0.06） 称取巴比妥钠 12.76g，巴比妥 1.66g，加蒸馏水加热溶解后，定容至 1000ml。

2. 0.5% 氨基黑 10B 染液 0.5g 氨基黑 10B 溶于甲醇：冰乙酸：蒸馏水（50：10：40）中，混匀。

3. 丽春红 S 染液 0.2g 丽春红 S 溶于 100ml 3% 三氯乙酸中。

4. 洗脱液 95% 乙醇 45ml、冰醋酸 5ml、蒸馏水 50ml，混匀。

5. 透明液（临用前配制） 甲液：冰醋酸 15ml、无水乙醇 85ml，混匀；乙液：冰醋酸 25ml、无水乙醇 75ml，混匀。

6. 保存液 液体石蜡。

7. 定量洗脱液（0.4mol/L NaOH 溶液）　称取 16g NaOH，用少量蒸馏水溶解后定容至 1000ml。

四、主要器材

乙酸纤维素薄膜、点样器、镊子、水平电泳槽、直流稳压电泳仪、光密度计、可见光分光光度计等。

五、操作步骤

1. 准备和点样

（1）取 2.5cm×8cm 的乙酸纤维素薄膜一张，将薄膜无光泽面向下，浸泡于巴比妥缓冲液中。

（2）将充分浸透（膜上无白色斑痕）的膜条取出，用滤纸吸取多余的缓冲液，将薄膜平置于滤纸上（事先用铅笔于距滤纸边缘 1.5cm 处画出点样线），使薄膜边缘与滤纸边缘对齐，并使薄膜的无光泽面朝上。

（3）取点样器（可用点样针或盖玻片、X 线片等）蘸取适量血清，将此点样器上的血清连续、均匀地盖于点样线上。

2. 电泳　将点样后的薄膜置于电泳槽架上（点样面向下），点样端置于负极，槽架上的四层滤纸（或纱布）作桥垫，膜条与滤纸桥垫紧贴，待平衡 5min 后通电，电压为 10V/cm 长（指膜条与滤纸桥总长度），电流为 0.4～0.6mA/cm，电泳 40～60min。

3. 染色漂洗　电泳结束后，用镊子将薄膜取出，直接浸于氨基黑 10B 染液（或丽春红 S 染液）中，充分浸泡 5min 后取出。立即浸入洗脱液，反复漂洗数次，直至背景漂洗干净为止，用滤纸吸干多余洗脱液。

4. 透明　将已干的薄膜条浸入液体石蜡中，使薄膜透明。

5. 定量　用光密度计进行扫描定量或洗脱后用分光光度计进行比色测定，计算出各血清蛋白的百分含量。

比色定量：取 6 支试管，分别加 0.4mol/L NaOH 4ml，剪下薄膜各条蛋白色带，另于空白部位剪一同样大小的薄膜条，将各薄膜条分别浸泡于上述试管中，摇动试管，使蓝色（或红色）洗出。约半小时后用分光光度计进行比色测定，空白薄膜条洗出液为空白管调零，蓝色溶液在波长 620nm 处，读出白蛋白、α_1 球蛋白、α_2 球蛋白、β 球蛋白、γ 球蛋白各管的吸光度，分别为 $A_白$、A_{α_1}、A_{α_2}、A_β、A_γ。

$$总吸光度（A_T）=A_白+A_{\alpha_1}+A_{\alpha_2}+A_\beta+A_\gamma$$

各血清蛋白的百分含量为：白蛋白 $=A_白/A_T×100$

$$\alpha_1 球蛋白 =A_{\alpha_1}/A_T×100$$
$$\alpha_2 球蛋白 =A_{\alpha_2}/A_T×100$$
$$\beta 球蛋白 =A_\beta/A_T×100$$
$$\gamma 球蛋白 =A_\gamma/A_T×100$$

六、实验结果与临床意义

1. 血清蛋白正常含量（各组分占总蛋白的百分比）　白蛋白 57%～72%，α_1 球蛋白 2%～5%，α_2 球蛋白 4%～9%，β 球蛋白 6.5%～12%，γ 球蛋白 12%～20%。

2. 肝硬化时，白蛋白含量显著降低，α 球蛋白含量升高 2 ～ 3 倍；肾病综合征时，白蛋白含量降低，α_2 和 β 球蛋白含量升高。

七、注意事项

1. 点样时，应用滤纸将多余的缓冲液吸干，否则引起样品的扩散。但也不能过干，否则样品不易浸入膜内，影响分离效果。

2. 点样量要适当，不宜过多或过少。

3. 接通电源前，检查膜条是否无光泽面朝下，膜条两端是否充分紧贴滤纸桥垫，并不能有白色斑痕。

4. 控制染色时间，时间过长则薄膜底色深不易脱去；时间过短则蛋白质着色浅，条带不清楚或不均匀。

八、思考题

1. 血清蛋白乙酸纤维素薄膜电泳的原理是什么？

2. 为什么要用 pH 为 8.6 的缓冲液？点样端为什么要置于负极？

3. 常用的蛋白质分离方法有哪些？

4. 为什么肝硬化、肾病综合征患者白蛋白含量会显著降低？降低的原因是什么？

（杨友均）

实验十四 血清丙氨酸转氨酶活性的测定

目前临床常用的酶类测定方法主要有 3 种：①新合成的多种带有色原的底物，经酶作用后释放出色原，稍加处理即可显色测定；②通过还原型辅酶与氧化型辅酶互变时，在 340nm 波长处吸光度的变化来测定脱氢酶和转氨酶等；③利用自动分析仪进行测定。

转移酶类是催化特定的基团从一种底物转移到另一种底物的酶，以反应式表示为 $AB+C \longrightarrow A+BC$，式中 B 为被转移的基团，如甲基（$-CH_3$）、氨基（$-NH_2$）等。通过血清中转移酶类测定可以了解体内重要组织（肝、脑、心等）实质性病变及病情发展情况。

丙氨酸转氨酶（alanine aminotransferase，ALT）又称为谷丙转氨酶。临床上测定 ALT 的方法可分为两类。

一、速率法

在酶促反应体系中除 α-酮戊二酸、L-丙氨酸和 ALT 外，还需加入还原型辅酶 Ⅰ（NADH）和乳酸脱氢酶（lactate dehydrogenase，LDH）。ALT 催化 L-丙氨酸的氨基转移，生成丙酮酸。丙酮酸与 NADH 在 LDH 的催化下生成乳酸和 NAD^+，NADH 在 340nm 处有特殊的紫外吸收峰，其被氧化的速率与血清中 ALT 的活性呈正相关，在 340nm 处测定 NADH 的下降速率，即可测定出 ALT 的活性。此法可连续监测，结果准确，是公认的测定 ALT 较好的方法。临床上使用全自动生化仪测定血清 ALT 活性即采用此方法。

二、比色法

此法利用 2,4-二硝基苯肼与丙酮酸作用形成丙酮酸二硝基苯腙，在碱性条件下呈棕色，分光光度计测定溶液吸光度值。国内采用的比色测定法有 3 种，即金氏法、改良穆氏法和赖氏法。这三种方法的原理、试剂、酶作用温度和操作步骤都相似，但在酶促反应时间、单位定义和标准曲线的绘制方法方面有差异。酶促反应时间金氏法为 60min，改良穆氏法和赖氏法均为 30min。由于金氏法酶作用时间太长，改良穆氏法单位定义不合理，国内在用比色法测定 ALT 时，较多采用赖氏法。赖氏法与改良穆氏法和金氏法相比具有以下优点：①标准曲线中两种酮酸的量较为客观地反映了酶作用的实际情况；②标准曲线上单位的数字准确地反映出了酶活力的大小；③测定的结果可以直接与分光光度法相比较。

Ⅰ 赖氏法测定血清 ALT 活性

一、目的要求

1. 掌握赖氏法测定血清 ALT 活性的基本原理与操作方法。
2. 了解赖氏法测定血清 ALT 活性的正常范围及临床意义。

二、实验原理

在一定的反应条件下，丙氨酸和 α-酮戊二酸在血清 ALT 的作用下反应生成丙酮酸和谷氨酸。在酶促反应到达规定时间时加入 2,4-二硝基苯肼溶液以终止反应，2,4-二硝基苯肼分别与产物丙酮酸和剩余底物 α-酮戊二酸反应生成各自的二硝基苯腙，在碱性条件下两种二硝基苯腙均呈棕色。但由于丙酮酸二硝基苯腙生成的颜色较深，以相同摩尔浓度计算，在 480 ~ 530nm 波长范围内，丙酮酸二硝基苯腙的吸光度值约为 α-酮戊二酸二硝基苯腙的 3 倍，呈线性关系，而且在 505nm 处差异最大。据此特点，可计算出 ALT 催化生成的丙酮酸的量，从而推算出 ALT 的酶活力。其反应式如下：

三、主要试剂

1. 0.1mol/L 磷酸氢二钠溶液　溶解磷酸氢二钠（含 2 个结晶水）17.6g 于蒸馏水中并定容至 1000ml。

2. 0.1mol/L 磷酸二氢钾溶液　溶解磷酸二氢钾 13.61g 于蒸馏水中并定容至 1000ml。

3. 0.1mol/L 磷酸盐缓冲液（pH 7.4）　将 420ml 的 0.1mol/L 磷酸氢二钠溶液与 80ml 的 0.1mol/L 磷酸二氢钾溶液混匀即成。该溶液可稳定 2 个月。

4. 底物缓冲液（200mmol/L L-丙氨酸，2mmol/L α-酮戊二酸）　精确称取 L-丙氨酸 1.79g，α-酮戊二酸 29.2mg，先溶于 50ml 磷酸盐缓冲液中，再以 1mol/L 氢氧化钠溶液（约 0.5ml）调节 pH 到 7.4，然后以磷酸盐缓冲液稀释至 100ml 即成，置冰箱保存可以稳定 2 周。如果在底物中加入麝香草酚（0.9g/L）防腐，冰箱中至少可以保存 1 个月，分装安瓿灭菌后，室温至少可保存 3 个月。

5. 1mmol/L 2,4-二硝基苯肼溶液　称取 2,4-二硝基苯肼 19.80mg，溶于 1mol/L 盐酸 100ml 中。置棕色瓶、冰箱保存可稳定 2 个月。如有多量结晶析出，试剂空白管和测定管读数明显下降，应弃去不用。

6. 2.0mmol/L 丙酮酸标准液　精确称取丙酮酸（AR）22.0mg，加 0.1mol/L 磷酸盐缓冲液溶解并定容至 100ml。此液不稳定，应临用前配制（冰箱中最多保存 3d）。

7. 0.4mol/L 氢氧化钠溶液　称取 16.0g 氢氧化钠溶于蒸馏水中，并加至 1000ml，置于具塞塑料试剂瓶内，室温中可长期稳定。

四、主要器材

移液器、恒温水浴箱或金属浴、可见光分光光度计等。

五、操作步骤

（一）标准曲线绘制

1. 测定前将底物缓冲液在 37℃水浴箱内预温 5min 使用。按表 2-14-1 于各管中加入相应试剂。

表 2-14-1   标准曲线溶液制备

	0	1	2	3	4
磷酸盐缓冲液（ml）	0.10	0.10	0.10	0.10	0.10
丙酮酸标准液（ml）	0	0.05	0.10	0.15	0.20
底物缓冲液（ml）	0.50	0.45	0.40	0.35	0.30
相当于酶活力（卡门氏单位）	—	28	57	97	150
相当于酶活力（U/L 30℃）	—	33	70	136	264

2. 各管加入 0.5ml 2,4-二硝基苯肼溶液，混匀，37℃保温 20min，加入 0.4mol/L 氢氧化钠溶液 5ml，混匀。

3. 室温放置 10min，在波长 505nm 下比色，以蒸馏水调零，测定各管吸光度值。分别以各管吸光度值减去 0 管吸光度值，所得差值与对应的卡门氏酶活力单位作图，即成标准曲线。

（二）血清样品测定

1. 按表 2-14-2 进行操作。

表 2-14-2   血清样品测定

	空白管（B）	测定管（U）
血清样品（ml）	—	0.10
蒸馏水（ml）	0.10	—
底物缓冲液（ml）	0.50	0.50

2. 混匀，置 37℃水浴或金属浴中保温 30min。

3. 各管加入 2,4-二硝基苯肼溶液 0.5ml。

4. 混匀，再置 37℃水浴或金属浴放置 20min。

5. 各管加入 0.4 mol/L NaOH 5ml。

6. 混匀，室温下放置 10min。

7. 在波长 505nm 下比色，以蒸馏水调零，测定各管吸光度值。

8. 计算　以测定管吸光度值减去空白管吸光度值，从标准曲线上查出相应的酶活力单位。

参考值：5 ～ 25 卡门氏单位。

六、实验结果与临床意义

血清 ALT 酶活性增高可见于下列疾病。

1. 肝脏疾病　病毒性肝炎、肝癌、肝硬化活动期等。

2. 心肌疾病　心肌梗死、心肌炎等。

3. 骨骼肌疾病　多发性肌炎、肌营养不良等。

七、注意事项

1. 一般不需要每一标本均作自身的对照管，以试剂空白管代替即能符合实验要求。

但黄疸和严重高脂血症者血清可使测定管吸光度明显增加，所以，在检测此类标本时，应作血清对照管。

2. 加入 2,4-二硝基苯肼溶液后，需充分振荡混匀，以与丙酮酸充分作用，否则会影响实验的重复性。

3. 底物缓冲液和 2,4-二硝基苯肼溶液配制必须准确，每次测定时空白管吸光度值波动不应超过 ±0.015，如果超出此范围应检查仪器及试剂等方面的问题。

4. 丙酮酸钠的纯度对标准曲线有明显影响，纯度低，曲线斜率就低，于标准曲线上求得的酶活力可出现偏高误差。因此，应选择干燥、外观洁白的丙酮酸钠使用，如发现丙酮酸钠的颜色变黄或已潮解，则不能再用。

5. 当血清酶活性超过 150 卡门氏单位时，应将血清用生理盐水稀释 5 ～ 10 倍后再进行测定。

八、思考题

1. 何谓转氨基反应？
2. 为何发生肝脏疾病时会出现血清 ALT 酶活性增高？

Ⅱ　金氏法测定 ALT 活性

一、目的要求

1. 掌握金氏法测定血清 ALT 活性的基本原理与操作方法。
2. 了解金氏法测定血清 ALT 活性的临床意义。

二、实验原理

以丙氨酸和 α-酮戊二酸为底物，在血清 ALT 的作用下，生成丙酮酸和谷氨酸，丙酮酸能与 2,4-二硝基苯肼结合，生成丙酮酸二硝基苯腙，后者在碱性溶液中呈浅棕色，测定溶液吸光度值。

$$丙氨酸 + \alpha - 酮戊二酸 \longrightarrow 丙酮酸 + 谷氨酸$$

$$丙酮酸 + 2,4 - 二硝基苯肼 \longrightarrow 丙酮酸二硝基苯腙$$

三、主要试剂

1. 1/15mol/L 磷酸盐缓冲液（pH 7.45） 量取 1/15mol/L 磷酸氢二钠 852ml，1/15mol/L 磷酸二氢钾 175ml，混匀即可。

2. 底物液 称取 L-丙氨酸 1.78g 及 α-酮戊二酸 30mg，溶于约 20ml 磷酸盐缓冲液，加 1mol/L NaOH 0.5ml，校正 pH 至 7.4，再以磷酸盐缓冲液定容至 100ml。

3. 2,4-二硝基苯肼溶液 称取 2,4-二硝基苯肼 200mg，溶于 10mol/L 盐酸 100ml 中，溶解后，再用蒸馏水定容至 1000ml。

4. 丙酮酸标准液（2.0mmol/ml） 称取丙酮酸钠 22mg，溶于 pH 7.4 磷酸盐缓冲液中，定容至 100ml，此液应新鲜配制（冰箱中最多保存三天）。

四、主要器材

移液器、恒温水浴箱或金属浴、可见光分光光度计等。

五、操作步骤

1. 取试管 4 支，编号，按下列顺序加入试剂（表 2-14-3）。

表 2-14-3 金氏法测定 GPT 活性实验操作

试剂 / 试管	1 测定管	2 对照管	3 标准管	4 空白管
血清	0.1	—	—	—
标准丙酮酸	—	—	0.1	—
磷酸缓冲液（pH 7.45）	—	—	—	0.1
底物液	0.5	0.5	0.5	0.5
	混匀后，立即放入 37℃保温 60min			
2,4-二硝基苯肼	0.5	0.5	0.5	0.5
血清		0.1		
	混匀后放 37℃保温 20min			
0.4mol/L NaOH	5.0	5.0	5.0	5.0

2. 混匀以上各管，波长 520nm 比色，记录各管吸光度，按下列公式计算血清转氨酶的活性。

3. 计算公式

$$\text{ALT 活性单位/100ml 血清} = \frac{\text{测定管吸光度}-\text{对照管吸光度}}{\text{标准管吸光度}} \times 0.2 \times \frac{100}{0.1} \quad (2\text{-}14\text{-}1)$$

酶活性的表示单位，以每 100ml 血清在 37℃与 ALT 底物作用 1h，每生成 1μg 分子的丙酮酸活性定为一个活性单位。

六、实验结果与临床意义

转氨酶普遍存在于机体各组织中，ALT 的活性在肝、心、肾组织中最强，在健康人血清中该酶活性较低，当肝细胞或心肌细胞损伤时，此酶释放到血中，使血中 ALT 活性显著增高（肝病患者可高出正常 10 ～ 100 倍）。

七、注意事项

1. 底物缓冲液和 2,4-二硝基苯肼溶液配制必须准确，每次测定时空白管吸光度值波动不应超过 ±0.015，如果超出此范围应检查仪器及试剂等方面的问题。

2. 加入 2,4-二硝基苯肼溶液后需充分振荡混匀，使之与丙酮酸充分反应，否则会影响实验的重复性。

3. 加氢氧化钠溶液方法要一致，不同方法会导致吸光度读数的差异。

八、思考题

1. ALT 所催化的转氨基作用是怎样的？

2. 为何金氏法测定血清 ALT 活性需要对照管？

（汪　红）

实验十五　血浆二氧化碳结合力测定

二氧化碳结合力（carbondioxide combining power，CO_2CP）是较早应用于临床的血气分析参数。它是指血中 HCO_3^- 的含量，即化合态的 CO_2。CO_2CP 是在正常人肺泡气平衡后测定的，以血液总 CO_2 减去溶解的 CO_2 后，其参考值范围是（27±4）mmol/L。CO_2CP 测定方法简单，但存在如下问题：静脉血 CO_2CP 比动脉血 CO_2CP 要高 2mmol/L 左右；在慢性呼吸性酸中毒合并代谢性酸中毒时，前者 CO_2CP 上升而后者下降，二者会因相互抵消而造成假象；此外，CO_2CP 的测定是在体外进行的，在血液偏碱时 CO_2CP 的检测常较体内的实际含量要高；另外，CO_2CP 的测定误差比较大，因其为静脉血，故与血气分析（动脉血）的结果存在不易比较等问题。虽然有以上的不足之处，但 CO_2CP 的测定对血气分析依然具有一定的参考和对照作用。

一、目的要求

1. 掌握血浆 CO_2CP 测定的基本原理与操作方法。

2. 了解血浆 CO_2CP 的正常范围。

二、实验原理

血浆中的 CO_2 主要是 HCO_3^- 的形式存在。在血浆样品中加入过量的标准盐酸以中和样品中的 HCO_3^-（中和后的 HCO_3^- 以 CO_2 的形式释放出），然后用标准氢氧化钠溶液滴定剩余的盐酸，选择适当的指示剂（如中性红乙醇和亚甲蓝乙醇组成的混合酸碱指示剂）指示终点，从盐酸的消耗量可以计算出样品中 HCO_3^- 含量，再换算为标准状态下的 CO_2 的百分体积浓度。反应式如下：

$$HCO_3^- + HCl \longrightarrow H_2O + Cl^- + CO_2 \uparrow$$

$$NaOH + HCl \longrightarrow H_2O + NaCl$$

三、主要试剂

1. 生理盐水　称取 NaCl(AR) 8.5g，加入去离子水溶解，定容至 1000ml。

2. 0.01mol/L HCl（准确滴定）。

3. 0.01mol/L NaOH（经准确滴定后密封保存以防 CO_2 进入）。

4. 混合酸碱指示剂

（1）0.1% 中性红乙醇：精确称取 0.10g 中性红加无水乙醇少许在玻璃乳钵中研磨，使其充分溶解，然后转移至 100ml 量瓶中，加无水乙醇至刻度。

（2）0.1% 亚甲蓝乙醇：精确称取 0.10g 亚甲蓝加无水乙醇少许在玻璃乳钵中研磨，使其充分溶解，加无水乙醇定容至 100ml。

四、主要器材

移液器、锥形瓶、滴定管等。

五、操作步骤

1. 取干净小试管 5 支（其中 2 支作空白管，2 支作测定管，1 支作终点颜色即对照管）。按表 2-15-1 加入试剂。

表 2-15-1　血浆二氧化碳结合力测定实验

试剂（ml）	空白 1	空白 2	测定 1	测定 2	对照管
生理盐水	1.5	1.5	1.4	1.4	1.9
血浆			0.1	0.1	0.1
0.01mol/L HCl	0.5	0.5	0.5	0.5	

2. 混合后充分振荡试管内液体，使标本中产生的 CO_2 尽可能被赶出（因此可产生大量气泡）。然后在上述 5 管中分别加入混合酸碱指示剂 1 滴，再以 0.01mol/L NaOH 滴定空白（须逐滴加入，在接近 0.5ml 时应以 0.01ml 量逐步加入），空白管约需要 0.01mol/L NaOH 0.5ml，如其使用量 > 0.5ml 或 < 0.49ml 则提示 0.01mol/L HCl 和 0.01mol/L NaOH 必须重新配制。然后用 0.01mol/L NaOH 滴定对照管和测定管，滴定时要谨慎，要逐滴加入，边滴边摇匀，直至各管溶液颜色与对照管颜色相同（绿色）为止。测定管应滴定双份，二者之差不能大于 0.02ml，否则必须重新滴定。

3. 计算　空白管 1 和空白管 2 的 0.01mol/L NaOH 加入量以及测定管 1 和测定管 2 的 0.01mol/L NaOH 加入量分别取平均值。

按以下公式进行计算：

$$血浆 CO_2CP（ml\%）= \frac{（空白管 NaOH 加入量 - 测定管 NaOH 加入量）\times 0.01 \times 22.4 \times 100}{0.1} \tag{2-15-1}$$

CO_2CP：1ml%×0.499（换算系数）=1mmol/L。

参考值：51 ～ 76.2ml %。

六、注意事项

1. 全血样本要及时分离血浆，在采血时最好将血样密封，以免与空气接触。

2. 滴定速度要慢，边滴边摇，混匀后再滴，以免滴过终点。

3. 因本法使用的 HCl 和 NaOH 浓度比较低，容易受污染或吸收空气中的 CO_2 而发生改变，因此 0.01mol/L HCl 和 0.01mol/L NaOH 必须每周更换。此外必须保证滴定管的质量和精度。

4. 每次使用的滴定管应洁净，滴定标本和空白应使用同一支滴定管。

七、思考题

1. 何谓 CO_2CP？

2. 慢性呼吸性酸中毒时，血浆 CO_2CP 会怎样变化？代谢性酸中毒时，血浆 CO_2CP 又会怎样变化？

（汪　红）

实验十六　茯苓多糖、猪苓多糖的水解和鉴定

一、目的要求

1. 掌握茯苓多糖、猪苓多糖水解和鉴定的原理和方法。

2. 了解中药茯苓和猪苓的主要成分。

二、实验原理

茯苓多糖和猪苓多糖分别是中药茯苓和猪苓的主要成分。茯苓多糖是含有 β-1,3 糖苷键和 β-1,6 糖苷键的葡聚糖，猪苓多糖是水溶性多聚糖。它们经硫酸脱水产生糖醛或糖醛衍生物，后者在浓无机酸作用下，能与 α-萘酚生成紫红色缩合物（Molisch 试验）。

$$茯苓多糖或猪苓多糖 \xrightarrow[-3H_2O]{浓硫酸} 糖醛 \xrightarrow[浓盐酸]{\alpha-萘酚} 紫红色缩合物$$

茯苓多糖和猪苓多糖无还原性，但当它们用酸水解后，生成还原性单糖，利用本尼迪克特试剂与其作用，可分别生成氧化亚铜砖红色沉淀，以反映多糖的水解。

三、主要试剂

1. 2% 茯苓混悬液　称取 1g 茯苓粉，加水调匀，倾入沸水，边加边搅，总水量为 100ml，煎煮浓缩至 50ml。

2. 2% 猪苓混悬液　方法用茯苓混悬液。

3. 莫氏（Molisch）试剂　称取 α-萘酚 5g 溶于适量 95% 乙醇中，并定容至 100ml，此液需新鲜配制。

4. 本尼迪克特试剂　称取柠檬酸钠 85g，无水碳酸钠 50g 溶解于 400ml 蒸馏水中，另取硫酸铜 8.5g，溶解于 50ml 热蒸馏水中，将硫酸铜溶液徐徐加入以上溶液内混合，若有沉淀可以过滤，稀释 10 倍供用。

5. 浓硫酸。

6. 浓盐酸。

7. 20% NaOH。

四、主要器材

滴管、移液器、pH 试纸、恒温水浴锅或金属浴等。

五、操作步骤

1. 分别取 2% 茯苓混悬液和 2% 猪苓混悬液 1ml 置于试管中，加莫氏（Molisch）试剂 3 滴，混匀，将试管倾斜，沿管壁逐滴加入浓硫酸 15 滴，慢慢直立试管，观察两层处有无紫红色环出现。

2. 分别取 2% 茯苓混悬液和猪苓混悬液 2ml 置试管内，加浓盐酸 10 滴，100℃保温 10min，然后加 20% NaOH 中和（用 pH 试纸检测），此即为两种不同的水解液。

3. 取试管 4 支，编号，按表 2-16-1 加入试剂。

表 2-16-1　茯苓多糖、猪苓多糖鉴定试验操作

试剂（ml）	试管号			
	1	2	3	4
2% 茯苓混悬液	1	—	—	—
2% 茯苓水解液	—	1	—	—
2% 猪苓混悬液	—	—	1	—
2% 猪苓水解液	—	—	—	1
本尼迪克特试剂	1	1	1	1

混匀，沸水浴或 100℃ 金属浴 3～5min，观察其变化并解释之。

六、注意事项

1. 配置茯苓混悬液和猪苓混悬液时，需倾入沸水，边加边搅，否则影响实验效果。
2. 沿管壁加入浓硫酸时，须倾斜试管，逐滴缓慢加入。

七、思考题

1. 何谓 Molisch 试验？
2. 茯苓多糖、猪苓多糖的水解产物为何能与本尼迪克特试剂发生反应？

（汪　红）

实验十七　标准曲线及回收实验

（以血糖的测定为例）

一、目的要求

1. 掌握标准曲线与回收实验的方法和意义。

2. 熟悉主要操作步骤。

二、实验原理

测定血糖的原理同第二篇实验八。

1. 标准曲线　用不同浓度的葡萄糖标准溶液，按第二篇实验八方法测定不同浓度标准溶液的吸光度值，以吸光度为纵坐标，以浓度为横坐标，绘制一曲线，此曲线即为标准曲线。

通过标准曲线的测定，可以找出该方法的检测范围，即糖浓度的增加与吸光度的变化互成正比的一般范围。另外，标准曲线又称工作曲线，当用同一方法、同一光度计及同一波长时可用标准曲线直接求出未知样品含量。

2. 回收实验　在进行未知样品的测定时，另备一份添加标准糖量的未知样品管，两管平行进行测定。前者可称为未知管，后者可称为回收管。若方法可靠且操作正确，则回收管的糖含量（未知糖含量+标准糖量）与未知管含量之差，理应等于加入的已知糖量。测得的二者糖含量之差与加入的标准糖量的百分比即称为回收率。

通过回收实验的测定，可以检出某一方法的可靠性，如检查操作步骤中目的物是否有丢失或破坏，以及未知样品其他成分对目的物是否有干扰等。回收率是方法好坏标准之一，如不得已采用不好的方法时，可用回收率校正测定值，经此步数据处理，可使测定值更接近于真实值。

三、主要试剂

各种试剂的配制见第二篇实验八。

四、主要器材

恒温水浴箱或金属浴、分光光度计等。

五、操作步骤

1. 标准曲线

（1）准确吸取4种不同浓度的标准糖溶液1ml，其浓度分别为0.025mg/ml、0.05mg/ml、0.075mg/ml、0.1mg/ml，分别加到4支试管中，再向各管中加入蒸馏水1ml，在第5管内加入蒸馏水2ml（空白管）。

（2）于以上各管中加入碱性硫酸铜试剂2ml，混匀，沸水浴（待水沸腾后放入）8min或100℃金属浴8min，取出切勿摇动，立即放置于冷水中冷却。

（3）于各管中加入磷钼酸试剂2ml，充分混匀至无气泡（CO_2）产生（放置约5min），于各管中加入 3ml 蒸馏水。

（4）将各管混匀后，用红色滤光片或 620nm 波长进行比色。

2. 回收实验

（1）取 3.5ml 蒸馏水于干燥试管中，加入 0.1ml 血液，混匀（此管为未知管）。

（2）取 1.5ml 蒸馏水于另一干燥试管中，加入 2ml 标准糖溶液（0.025mg/ml），再加入 0.1ml 血液混匀（此管为回收管）。

（3）分别向以上两管中各加入 2/3mol/L H_2SO_4 0.2ml，混匀，再分别加入 10% Na_2WO_4 0.2ml，混匀，放置片刻后，过滤收集滤液备用。

（4）取 4 支试管，按表 2-17-1 操作。

表 2-17-1 回收实验操作

未知管	回收管	标准管	空白管
未知管滤液 2ml	回收管滤液 2ml	标准糖溶液（0.025mg/ml）2ml	蒸馏水 2ml
碱性硫酸铜试剂 2ml	碱性硫酸铜试剂 2ml	碱性硫酸铜试剂 2ml	碱性硫酸铜试剂 2ml

充分摇匀后，置沸水浴准确煮沸或 100℃ 金属浴中保温 8min，取出切勿摇动，置于冷水中冷却。

再向各管加入 2ml 磷钼酸试剂，混匀，放置 5min 后，各管加入 3ml 蒸馏水，混匀，在 620nm 波长，以空白管校零点比色，算出未知管和回收管中的糖含量。

3. 结果处理

（1）用 Excel 软件绘制一标准曲线。

（2）计算血糖测定的回收率

$$回收率（\%）=\frac{回收管中的糖含量-未知管中的糖含量}{加入回收管中的糖含量}\times100\% \tag{2-17-1}$$

（3）求出每 100ml 全血中糖的含量，并根据回收率算出真实糖的含量。

（4）利用标准曲线求出 100ml 全血中糖的含量。

六、思考题

1. 设定回收管的意义是什么？

2. 回收管中加入 0.1ml 血液的意义是什么？

（肖 含）

实验十八　氨基酸的薄层层析法

一、目的要求

1. 掌握薄层层析法分离、鉴定混合氨基酸组分的原理。

2. 熟悉薄层层析的主要操作步骤。

3. 熟悉如何根据移动速率（R_f）来鉴定被分离的物质（即氨基酸混合液）。

二、实验原理

利用混合物不同组分被硅胶等吸附剂吸附的差异，可对混合物进行分离。吸附力的强弱，除与吸附剂本身的性质有关外，也与被吸附的物质有关。

将固体吸附剂硅胶涂布在平板上形成薄层（固定相），当含有混合氨基酸样品的流动相（展开溶剂）在固定相上流动时，由于吸附剂对各种氨基酸的吸附力不同，以及氨基酸在展开溶剂中的溶解度差异，点在薄板上的混合氨基酸样品随着展开剂在固定相上流动的速率也不同，因而可以通过吸附→解吸→再吸附→再解吸过程将样品各组分分离开。最后以显色剂显色，就可以观察到分离的氨基酸。

本方法的优点：①设备简单，操作容易；②层析展开时间短，只需要数分钟或几小时即可获得结果；③分离时几乎不受温度的影响；④可采用腐蚀性的显色剂，而且可以在高温下显色；⑤分离效率高。

本次实验采用氨基酸与茚三酮的呈色反应显色。氨基酸与水合茚三酮反应生成还原茚三酮、氨及醛，还原茚三酮进一步与氨及水合茚三酮缩合生成蓝紫色化合物而使氨基酸斑点显色。

三、主要试剂

1. 硅胶 G。

2. 氨基酸溶液

（1）0.01mol/L 丙氨酸。

（2）0.01mol/L 精氨酸。

（3）0.01mol/L 甘氨酸。

3. 氨基酸混合液，将以上 3 种氨基酸溶液等量混匀。

4. 展开剂　将正丁醇、冰醋酸、蒸馏水按 80：20：20 比例混合。注意临用时配制。

5. 0.5% 茚三酮乙醇溶液。

四、主要器材

玻璃板、毛细玻璃管、层析缸、小尺子、烘箱等。

五、操作步骤

1. 薄板的制备　取表面光滑、洁净的玻璃板（5cm×15cm）一块，把玻璃板平置于桌面。称取 3g 硅胶 G，放在乳钵中，加入 8ml 水，快速研磨后倒于玻璃板上，稍加振动使其均匀平铺于玻璃板上，晾干后，再置于烘箱 105℃烘烤 1h 备用。

2. 点样　用铅笔距薄层板底边 2cm 水平线上均匀确定 4 个点样点（即为原点）。每个样品间相距约 1cm。分别用毛细玻璃管吸取丙氨酸、精氨酸、甘氨酸及氨基酸混合液，轻触各点样点点样，加样原点扩散直径不超过 2mm。待点样点干后可再重复点一次。见图 2-18-1。

3. 展开　先取展开剂（即正丁醇：冰醋酸：蒸馏水为 80：20：20）约 30ml 倒入层析缸内，盖好，使缸内空气被展开剂饱和后，再将点好的薄板置于缸内，也先让其饱和后再进行展开，将薄层点样端浸入展开剂，展开剂的液面应低于点样线。盖好层析缸盖，上行展开。

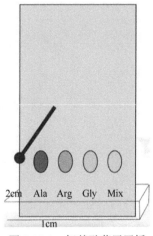

图 2-18-1　氨基酸薄层层析

4. 当上行展开的溶剂前缘距原点约 8cm 时，可将薄板自层析缸中取出晾干，用铅笔标记出溶剂前缘线。

5. 显色　晾干后，喷洒 0.5% 茚三酮溶液，置于烘箱内 105℃烘烤至板上显出斑点为止。

6. 计算 R_f

$$R_f = \frac{色斑中心至原点中心距离}{溶液前缘至原点中心距离}$$

六、注意事项

1. 薄层层析制板用的吸附剂硅胶的颗粒大小一般以能通过 200 目左右筛孔为宜。如果颗粒太大，展开时溶剂推进速度太快，分离效果不好。反之，颗粒太小，展开时太慢，斑点易拖尾。制板时，尽量快地将混合匀浆倒在玻璃板上，易于铺匀。

2. 点样时要轻触疾起。点样的次数依照样品溶液的浓度而定，样品量太少时，有的成分不易显示，样品量太多时易造成斑点过大，互相交叉或拖尾，不能得到很好的分离效果，点样后的斑点直径一般为 2mm。

3. 点样完毕将层析板放入层析缸时，要保持层析板下缘水平。将薄层点样端浸入展开剂，展开剂的液面应低于点样线。

七、思考题

1. 做好本实验的关键是什么？

2. 结合实验原理说明为什么薄层层析能分离混合氨基酸？

3. 影响 R_f 的因素有哪些？

（杨金蓉）

实验十九　胡萝卜素的柱层析分离法

一、目的要求

1. 掌握柱层析分离胡萝卜素的原理。

2. 熟悉柱层析的主要操作步骤。

3. 了解柱层析分离法在生物化学中的应用。

二、实验原理

胡萝卜素存在于辣椒和胡萝卜等植物中，因其在动物体内可转变成维生素 A，故又称维生素 A 原。胡萝卜素可用乙醇、石油醚和丙酮等有机溶剂从食物中提取出来，且能被氧化铝（Al_2O_3）所吸附。由于胡萝卜素与其他植物色素的化学结构不同，它们被氧化铝吸附的强度以及在有机溶剂中的溶解度都不相同，故将抽提液利用氧化铝层析，再用石油醚等冲洗层析柱，即可分离成不同的色带。同植物其他色素比较，胡萝卜素吸附性最差，故也能最先被洗脱下来。

三、主要材料和试剂

1. 干红辣椒。

2. 石油醚及含 1% 丙酮石油醚。

3. 氧化铝。

4. 无水 Na_2SO_4。

5. 95% 乙醇。

四、主要器材

手术剪、乳钵、分液漏斗、玻璃层析管等。

五、操作步骤

1. 提取　取干红辣椒皮 2g，剪碎后放入乳钵中，加 95% 乙醇 4ml，研磨至提取液呈深红色，再加石油醚 6ml 研磨 3 ～ 5min。提取液颜色越深则表示提取的胡萝卜素越多。转移提取液至 40 ～ 60ml 分液漏斗中，用 20ml 蒸馏水洗涤数次，直至水层透明为止，借以去除提取液中的乙醇。将红色石油醚层倒入干燥试管中，加少量无水硫酸钠去除水分，用软木塞塞紧以免石油醚挥发。

2. 层析柱的制备　取直径为 1cm、高度为 16cm 的玻璃层析管，在其底部放置少量棉花，将管垂直夹在铁架上备用。然后用吸管装入石油醚-氧化铝悬液，氧化铝均匀沉积于管内并使其达 10cm 高度，于其上部铺一张圆形小纸板。

3. 层析　当层析柱上端石油醚尚未完全浸入氧化铝时，用细吸管吸取石油醚提取液 1ml 沿管壁加入层析柱上端。待提取液全部进入层析柱，立即加入含 1% 丙酮石油醚冲洗，使吸附在柱上端的物质逐渐展开为数条颜色不同的色带。仔细观察色带的位置、宽度与颜色深浅。

六、注意事项

1. 研磨红辣椒皮要快而充分。

2. 石油醚提取液中的乙醇必须洗净，否则吸附不佳，色素的色带弥散不清。

3. 装柱要均匀、无断层，边装柱边振动，使柱表面水平。

4. 在加入洗脱液时应沿管壁均匀加入，使层析结果平直。

七、思考题

1. 总结本实验的关键环节。

2. 层析时能否用水冲洗？为什么？

（杨金蓉）

实验二十　SDS-聚丙烯酰胺凝胶电泳（SDS-PAGE）

一、实验目的

1. 掌握 SDS-聚丙烯酰胺凝胶电泳测定蛋白质分子量的原理和方法。

2. 熟悉 SDS-聚丙烯酰胺凝胶电泳的主要操作步骤及所需试剂的配制方法。

3. 了解 SDS-聚丙烯酰胺凝胶电泳测定蛋白质分子量的注意事项。

二、实验原理（见第一篇 第四章 电泳技术）

SDS-聚丙烯酰胺凝胶电泳（SDS-PAGE）是最常用的定性、定量分析蛋白质的电泳方法，尤其是蛋白质分子量测定和纯度检测。SDS-PAGE 是在待电泳分析的样品中加入含阴离子表面活性剂十二烷基硫酸钠（SDS）和具有强还原性的 β-巯基乙醇（β-mercaptoethanol，BME）的样品处理液。SDS 可以断开蛋白质分子内和分子间的氢键，β-巯基乙醇可以断开蛋白质分子中半胱氨酸残基间的二硫键，破坏蛋白质分子的二、三、四级结构。电泳样品加入样品处理液后置沸水浴中煮沸，SDS 和 BME 使蛋白质发生变性、亚基解聚、多肽链去折叠，SDS 与变性后的多肽链氨基酸残基的侧链充分结合，使其带上大量同种负电荷并形成蛋白质-胶束结构，由于 SDS 所带大量负电荷使蛋白质自身所带电荷可以忽略不计，电泳迁移率的大小则和待分离的蛋白质多肽链分子量的对数呈负相关，据此可计算出多肽链的分子量。蛋白质分子的分子量则为所有多肽链分子量的总和。

SDS-PAGE 分为连续体系和不连续体系两种。连续体系指只采用一种 pH 和凝胶浓度，不连续体系则要分别制备不同 pH 和凝胶浓度的分离胶及浓缩胶，其分离效果更佳而更为常用。在不连续体系中，分离胶的浓度需根据待分离蛋白质样品的分子量大小进行选择。一般分离大分子量蛋白质选用较低浓度的分离胶，分离小分子量蛋白质则选用较高浓度的分离胶。当分离胶聚合以后，再在分离胶上面加上一层约 1cm 厚的浓缩胶，并在浓缩胶上插入试样格（也称样品梳），形成上样凹槽（加样孔）。浓缩胶的 pH 较低（通常 pH 6.8）、凝胶浓度较低（通常为 3%～5%），形成的孔径大，各种蛋白质都可以自由通过，样品在浓缩胶中经等速电泳到达分离胶前沿停下来，在进入分离胶前将样品浓缩成很窄的区带，目的是使蛋白质混合溶液中不同蛋白质在进入分离胶前到达同一起跑线，以便在进入分离胶后达到更佳的分离效果。

三、主要试剂

（一）标准蛋白质

目前有很多国内外厂商生产分子量从数 kDa 到几百 kDa 的标准蛋白质（marker）成套试剂盒，可以根据需要选择低分子量、次高分子量、高分子量标准蛋白质试剂盒，也可以自己配制不同分子量的标准蛋白质混合试剂用于 SDS-PAGE，测定未知蛋白质分子量。

1. 次高分子量标准蛋白试剂盒，见表 2-20-1。

表 2-20-1 5种次高分子量标准蛋白质

蛋白质名称	分子量（kDa）
肌球蛋白（myosin）	200.0
钙调蛋白（calmodulin）	130.0
磷酸化酶 B（phosphorylase B）	97.4
牛血清白蛋白（BSA）	66.2
肌动蛋白（actin）	43.0

注：按说明书要求处理

2. 低分子量标准蛋白试剂盒，见表 2-20-2。

表 2-20-2 6种低分子量标准蛋白质

蛋白质名称	MW（kDa）
磷酸化酶 B（phosphorylase B）	97.4
牛血清白蛋白（BSA）	66.2
肌动蛋白（actin）	43.0
碳酸酐酶（carbonic anhydrase）	31.0
生长激素（growth hormone）	22.0
溶菌酶（lysozyme）	14.4

3. 自行配制标准蛋白质混合试剂。如买不到合适的标准蛋白试剂盒时，可参考常用的标准蛋白质及其分子量表（表 2-20-3）自行配制。从中选择 3 ~ 5 种蛋白质，按照每种蛋白质 0.5 ~ 1mg/ml 样品溶解液配制。可配制成单一蛋白质标准液，也可配成混合蛋白质标准液。

表 2-20-3 常用标准蛋白质分子量

蛋白质名称	MW（kDa）	来源
过氧化氢酶（catalase）	232.0	牛肝
乳酸脱氢酶（lactate dehydrogenase）	140.0	牛心
磷酸化酶 B（phosphorylase B）	97.4	兔肌
牛血清白蛋白（BSA）	66.2	牛血清
卵清蛋白（ovalbumin）	44.5	鸡卵
胃蛋白酶（pepsin）	35.0	猪胃
胰凝乳蛋白酶原 A（chymotrypsinogen A）	24.5	牛胰
肌红蛋白（myoglobin）	17.0	马心
细胞色素 C（cytochrome C）	12.5	马心

（二）主要试剂

1. 丙烯酰胺（Acr，电泳级）。

2. 双丙烯酰胺（Bis，电泳级）。

3. 三羟甲基氨基甲烷（Tris）。

4. 十二烷基硫酸钠（SDS）。

5. 四甲基乙二胺（TEMED）。

6. 过硫酸铵（AP）。

7. β-巯基乙醇（BME）。

8. 甘油。

9. 溴酚蓝（水溶性钠型）。

10. 盐酸。

11. 甘氨酸（glycine）。

12. 二硫苏糖醇（DTT）。

13. 考马斯亮蓝 R-250。

14. 冰醋酸。

15. 甲醇。

（三）试剂配制

1. 30% 凝胶储液（30% Acr-Bis） 称取 29.2g 丙烯酰胺，0.8g 双丙烯酰胺，溶于重蒸馏水中并定容至 100ml，过滤后置棕色试剂瓶中，4℃储存。

注：未聚合的丙烯酰胺单体具有皮肤刺激性和神经毒性，操作时需戴手套和口罩，在通风柜中操作（见操作说明书）。

2. 分离胶缓冲液（1.5mol/L pH8.8 Tris-HCl 缓冲液） 称取 18.17g Tris，加 1mol/L HCl 48ml 混合，调 pH 至 8.8，加重蒸馏水定容至 100ml，4℃储存。

3. 浓缩胶缓冲液（1.0mol/L pH6.8 Tris-HCl 缓冲液） 称取 12.1g Tris，加少许重蒸馏水使其溶解，再加 1mol/L HCl 约 48ml 调 pH 至 6.8。加重蒸馏水定容至 100ml，4℃储存。

4. 10%（W/V）SDS 称取 10g SDS，加重蒸馏水至 100ml，微热（68℃）使其溶解，室温保存。

5. 10% 过硫酸铵（5ml） 称取 0.5g 过硫酸铵溶于 5ml 重蒸馏水中，现配现用或分装后冷冻备用。

6. 50%（V/V）甘油（100ml） 取 50ml 100% 甘油，加入重蒸馏水 50ml。

7. 1%（W/V）溴酚蓝（10ml） 称取 100mg 溴酚蓝，加重蒸馏水 10ml，搅拌至完全溶解。

8. 0.25%（W/V）考马斯亮蓝染色液 0.25g 考马斯亮蓝 R-250，加 45ml 甲醇，45ml 蒸馏水，10ml 冰醋酸，过滤去除杂质。

9. 考马斯亮蓝洗脱液 100ml 甲醇，100ml 冰醋酸，800ml 蒸馏水。

10. 5×Tris-甘氨酸电泳缓冲液（pH 8.3） 称取 15.1g Tris，72.0g 甘氨酸，5.0g SDS，加 800ml 重蒸馏水，充分搅拌溶解，定容至 1000ml，获得 pH 8.3 左右 5×Tris-甘氨酸电泳缓冲液的储存液，室温保存。临用前将 5×储存液稀释 5 倍，得 1×Tris-甘氨酸电泳缓冲液的工作液（浓度见表 2-20-4）。

表 2-20-4　pH8.3 Tris-甘氨酸电泳缓冲液浓度表

试剂	5×储存液	1×工作液
Tris	0.125mol/L	25mmol/L
甘氨酸	0.96mol/L	192mmol/L
SDS	0.5%	0.1%

11. 5×样品缓冲液　按表 2-20-5 配制 5×样品缓冲液。4℃可储存数周，−20℃可储存数月。使用时，如样品为液体，则样品液：样品缓冲液按 4：1 比例混合。

表 2-20-5　5×样品缓冲液（10ml）

试剂	用量（ml）	浓度
1mol/L Tris-HCl（pH 6.8）	0.6	60mmol/L
50% 甘油	5.0	25%
10% SDS	2.0	2%
β-巯基乙醇	0.5	14.4mmol/L
1% 溴酚蓝	1.0	0.1%
蒸馏水	0.9	—

四、主要器材

1. DYCZ-24EN 型双垂直电泳仪，凝胶规格：130mm×100mm×1.0/1.5mm。
2. 直流稳压电源（电压 300 ～ 600V，电流 50 ～ 100mA）。
3. 电子天平（100g/0.1mg）。
4. 烧杯（25ml，50ml，100ml）。
5. 细长头的滴管。
6. 微量离心管（EP 管，0.2ml）。
7. 移液器（10μl、50μl、100μl、1000μl、5000μl）。
8. 培养皿（直径 120mm）。

五、操作步骤

（一）安装垂直电泳仪

1. DYCZ-24EN 型双垂直电泳仪构造　DYCZ-24EN 型双垂直电泳仪由以下部件组成：冷却装置主体、装有电泳导线的上盖、透明的下槽、制胶器；附件有玻璃板、试样格、单胶堵板和楔形插板等，各部件如图 2-20-1、图 2-20-2、图 2-20-3 所示。

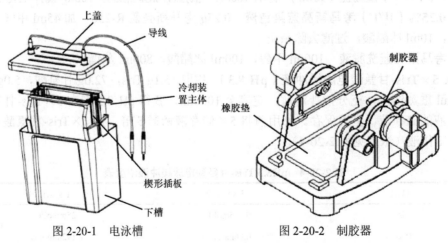

图 2-20-1　电泳槽　　　　图 2-20-2　制胶器

2. DYCZ-24EN 型双垂直电泳仪组装

（1）将凹玻璃板放在水平桌面上（与胶接触的一面向上）。

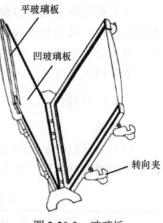

（2）把两个"T"形密封条（蓝色 1.5mm 厚，灰色 1.0mm 厚）放于凹玻璃板上（注意：箭头朝上）。

（3）将平玻璃板（与胶接触的一面向下）放在凹玻璃板上，用手将两块玻璃板在桌面上竖起，使两玻璃板及两密封条底面平齐以避免漏胶，这样就形成了一个胶室（图 2-20-4）。

（4）将胶室放入主体，注意将胶室凹玻璃板的一面朝向主体内侧（图 2-20-5）。

图 2-20-3　玻璃板

（5）插入楔形插板，用力向下按，挤紧玻璃胶室（注意：做 1.5mm 厚的胶用无标识的透明楔形插板，做 1.0mm 的胶用标识 1.0mm 的蓝色楔形插板）。如果做单板胶，不做胶的一侧用单胶堵板（δ=5.0mm 玻璃板）代替，用标识 1.0mm 的蓝色楔形插板挤紧单胶堵板。

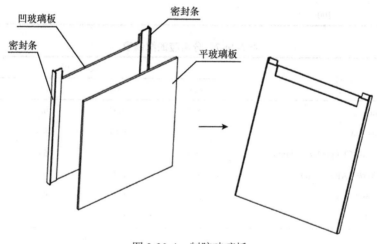

图 2-20-4　制胶玻璃板

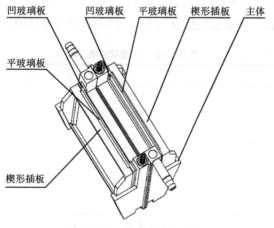

图 2-20-5　将胶室放入主体

（6）将主体放入原位制胶器内（注意：主体放入制胶器之前，橡胶垫必须放在制胶器定位槽内，橡胶垫正反两面都可使用，可交替使用。每次制胶后可用清水冲净，自然风干或用吸水纸吸干，切不可用加热方法烤干）。此时，开锁标识与底座箭头对齐，两手同时把手柄向主体推动，直到推不动为止，然后开始旋转手柄。

（二）制胶

1. 配胶

（1）分离胶的配制：根据待测蛋白质分子量范围，选择适宜的分离胶浓度（表 2-20-6），配制所需浓度分离胶（表 2-20-7）。

表 2-20-6　不同分子量范围与分离胶浓度的关系

蛋白质分子量（kDa）	适宜的凝胶浓度（%）
＜10	15
10～30	12
31～100	10
＞100	8

表 2-20-7　分离胶的配制表

试剂	凝胶浓度			
	8%	10%	12%	15%
蒸馏水（ml）	9.27	7.93	6.6	4.6
30%Acr-Bis（ml）	5.33	6.67	8.0	10.0
1.5mol/L Tris-HCl（pH 8.8）（ml）	5.0	5.0	5.0	5.0
10% 过硫酸铵（AP）（ml）	0.2	0.2	0.2	0.2
10%SDS（ml）	0.2	0.2	0.2	0.2
TEMED（μl）	8	8	8	8
总体积	20ml			

常用分离胶的浓度为 10%，将所有试剂加入烧杯中充分混匀，迅速进行灌胶。

（2）浓缩胶的配制：浓缩胶的浓度为 5%，按表 2-20-8 配制浓缩胶。

表 2-20-8　浓缩胶的配制

试剂	凝胶浓度（5%）	
蒸馏水（ml）	2.23	4.47
30%Acr-Bis（ml）	0.67	1.33
1.0mol/L Tris-HCl（pH 6.8）（ml）	1.0	2.0
10%SDS（μl）	50	100
10% 过硫酸铵（AP）（μl）	40	80
TEMED（μl）	5	10
总体积	4ml	8ml

将以上所有试剂加入烧杯中，充分混匀后灌胶。

2. 灌胶

（1）将适当浓度的分离胶均匀加入胶室内，使凝胶的高度约为玻璃板高度的 3/4。小心加入少量重蒸馏水于胶面，进行水封（注意：不要搅动凝胶面）。静置约 30min 后，在凝胶面与水封层之间可见清晰的界面，再静置 0.5 ～ 1h，直至完全聚合。

（2）待分离胶聚合后，吸去胶面上的重蒸馏水，用浓缩胶缓冲液洗胶面两次，再将配好的浓缩胶液灌至凹玻璃板口 3mm 处，然后插入试样格，静置直至完全聚合。

（三）蛋白质样品准备

将蛋白质样品与 5×样品缓冲液按 4：1 比例混合（20μl 样品液+5μl 样品缓冲液），置 100℃沸水加热 3 ～ 5min，短暂离心备用。如处理好的样品暂时不用，可放入-20℃冰箱保存较长时间，使用前于 100℃沸水中加热 3min，以去除亚稳态聚合。

（四）加样

1. 凝胶聚合后，反向转动手柄 180°，开锁标识位与底座箭头对齐，此时手柄弹出。将电泳仪主体从原位制胶器上取出放入电泳仪下槽中。

2. 将 5×Tris-甘氨酸电泳缓冲液（pH 8.3）稀释 5 倍后的 1×工作液倒入由胶室和主体形成的上槽中，使电泳缓冲液没过凹玻璃板。

3. 将电泳缓冲液倒入下槽（缓冲液槽）中。

4. 慢慢地将试样格垂直拔出。

5. 用微量移液器把样品加入加样孔中，每孔加入约 10μl，最多不超过 15μl，将样品吸出时不要吸进气泡，加样时移液器要垂直并尽量接近样品孔底部，然后将样品缓慢加入，不可将样品冲出加样孔。由于样品液中含有比重较大的蔗糖或甘油，因此样品液会自动沉降在凝胶表面形成样品层。

（五）电泳

盖上上盖，如室温高，连接外部恒温循环器，进行冷却降温（液压不得大于 $0.3kgf/cm^2$），接通电泳仪电源与电泳仪之间的电极导线（注意正负极不能接反），根据凝胶的大小选择适宜的电压与电流。开始时，电压控制在 60 ～ 100V，电泳大约 20min；当样品中的溴酚蓝指示剂到达分离胶之后，电压升到 120 ～ 200V，电泳过程保持电压稳定。当溴酚蓝指示剂迁移到距前沿 1 ～ 2cm 处（0.5 ～ 1h），停止电泳，关闭电源。

（六）染色与脱色

1. 将 0.25% 考马斯亮蓝染色液倒入培养皿中。

2. 剥胶 取出玻璃板，在两块玻璃板下角空隙内，用刀片轻轻撬动，直至胶面与一块玻璃板分开，然后轻轻将凝胶托起，注意保持凝胶完整。

3. 染色 将取出的凝胶放入培养皿中染色 2 ～ 4h，必要时可过夜。

4. 脱色 弃掉染色液，倒入蒸馏水漂洗数次。再倒入洗脱液洗脱，可更换洗脱液，直至蛋白条带清晰为止。

六、注意事项

1. SDS-PAGE 测定分子量有 10% 误差，不可完全信任。

2. SDS 与蛋白质的结合成比例（即 1.4gSDS/g 蛋白质），蛋白质含量不可过量，否则

SDS 结合量不足，会使测量结果出现偏差。

3. 有的蛋白质（如电荷异常或结构异常的蛋白质或带有较大辅基的蛋白质）不能采用该法测定分子量。

4. 如果该电泳中出现拖尾、染色带的背景不清晰等现象，可能是 SDS 纯度不够引起。

5. 在开始电泳之前，严禁将电泳仪和电泳仪电源连接起来。电流经由电泳仪盖子上的导线从电泳仪电源输入电泳仪，当电泳仪的盖子被打开或移动时，电流会被自动切断。使用电泳仪时，请勿开盖操作，打开或移动盖子之前要先关掉电泳仪电源。

6. 严禁将电泳仪冷却装置与自来水管直接相连，以免过高压力的自来水把冷却装置崩裂，应使用低温循环器。

7. DYCZ-24EN 型制胶器上的胶垫使用一段时间后，会产生一定的变形而造成渗漏，应及时换备用胶垫。如果没有破损，放在阴凉处一段时间后，胶垫的变形可恢复，可以重复使用。

七、思考题

1. SDS-PAGE 电泳的基本原理是什么？

2. SDS-PAGE 电泳的凝胶中各主要成分的作用是什么？为什么要加 SDS？

3. 电泳时为什么将溴酚蓝作为指示剂？

（冯雪梅）

实验二十一　兔血清白蛋白的提取与鉴定

一、目的要求

1. 掌握兔血清白蛋白的提取与鉴定方法。

2. 熟悉分段盐析法分离兔血清白蛋白的机制。

3. 了解透析法纯化蛋白质的原理。

二、实验原理

白蛋白是兔血清中的主要蛋白，分子量约为 68kDa。应用分段盐析法，如用不同浓度的硫酸铵，将血清中的白蛋白与其他球蛋白分离，再用透析法去除盐，即可提取到白蛋白。最后利用乙酸纤维素薄膜电泳对兔血清白蛋白进行分离与鉴定，通过与兔血清蛋白电泳条带的比较，可分析纯化效果。

三、主要材料与试剂

（一）材料

兔血清。

（二）试剂

1. 纳氏试剂　称取 16g 氢氧化钠，溶于 50ml 无氨水中，充分冷却至室温。另称取 10g 碘化汞和 7g 碘化钾溶于水，然后将该溶液在充分搅拌的条件下缓慢注入上述的氢氧化钠溶液中，并用无氨水定容至 100ml，储于聚乙烯塑料瓶中，常温避光保存。

2. 饱和 $(NH_4)_2SO_4$。

3. 电泳鉴定相关实验试剂　见第二篇　实验十三。

四、主要器材

离心管、离心机、玻璃纸、烧杯、比色板、乙酸纤维素薄膜、移液器、分光光度计、电泳仪、电泳槽等。

五、操作步骤

1. 取 2.0ml 兔血清于离心管中，逐滴加入饱和硫酸铵溶液 2.0ml。室温静置 10min，3000r/min 离心 10min。用移液器小心吸出上清液作为纯化白蛋白之用。

2. 取玻璃纸一张，折成袋形，将离心后的上清液倒入袋内，用线扎紧上口（注意要留有空隙），放入装有蒸馏水的小烧杯中透析，并不断搅拌，每隔 2min 换一次水，共换 15 次。用纳氏试剂检查袋外液体的铵根离子，观察颜色变化，直至袋内盐类透析完毕。将袋内液体倾入试管，即得到兔血清白蛋白溶液。

3. 电泳鉴定　将提取的兔血清白蛋白与兔血清一起进行乙酸纤维素薄膜电泳，观察电泳结果。电泳方法同第二篇　实验十三。

六、注意事项

1. 盐析时，加入的饱和硫酸铵要适量，过量则可能会将白蛋白沉淀下来，太少可能不能将里面的球蛋白去除。

2. 透析时要多次更换蒸馏水，并不断搅拌，以保证去除样品中的硫酸铵。

七、思考题

1. 提取的白蛋白经过电泳后，应该有几条区带？兔血清白蛋白电泳应有几条区带？

2. 加入饱和硫酸铵后出现的沉淀是什么成分？上清液中有哪些成分？

（韩玉萍）

第三篇 分子生物学实验

实验一 分子生物学实验须知和基本操作技术

一、分子生物学实验的特点

1. 微量操作 分子生物学实验往往建立在微量的反应体系上，整个反应体系甚至可低于 10μl，体系中试剂用量少，如某些工具酶的使用量不到 1μl，且反应非常灵敏，因此要求实验人员应熟练掌握取量仪器，加量准确。

2. 易污染 实验过程中应防止外源性污染物对反应体系的污染，从而造成研究的失败，如 RNA 酶对提取中 RNA 的降解作用等；同时，也应防止各种有毒有害物质及生物材料对实验人员和环境造成的污染，如苯酚、溴化乙锭、焦碳酸二乙酯（DEPC）、同位素及带耐药性基因的质粒等。因此，在分子生物学实验过程中和实验后，实验人员必须做好安全防范工作，保证人员和环境的安全。

二、常用仪器及其使用规则

1. 微量移液器（移液枪） 移液器俗称移液枪，是分子生物学实验中常用的精密取量工具，掌握正确的取量方法对于保证实验结果的正确性和可靠性有着十分重要的意义。

微量移液器一般按其取液量的大小分为 0.5 ~ 10μl、2 ~ 20μl、10 ~ 100μl、20 ~ 200μl、100 ~ 1000μl 等多种规格。

使用方法与注意事项：

（1）使用前，选用合适量程的移液器，避免用大量程移液器取小体积溶液，保证取液的准确性。

（2）装配移液器吸头时，要将移液器垂直插入吸头，左右旋转半圈，上紧即可，禁止用力过猛。

（3）取液前，应检查移液器气密性，避免有漏液现象。

（4）取液时，移液器尽量保持竖直，且慢吸慢放。

（5）不要直接按到移液器第二挡吸液，一定要在第一挡垂直进入液面下几毫米处吸液。

（6）实验完成后，需将刻度调至最大，让弹簧回复原型以延长移液器使用寿命。

（7）移液器的日常维护与维修由专人负责，避免随意拆卸与维修。

2. 离心机 是分子生物学实验室内常用设备，可依其离心速率分为低速、高速及超高速离心机 3 种。

使用方法与注意事项：

（1）平衡对称的原则，为离心机最重要的使用原则，即为离心样品必须平衡对称放置在离心机转子上（图 3-1-1）。一般而言，转速越高，其

图 3-1-1 离心机转子

对平衡灵敏度的要求越高，必须依机种而定。

（2）慢启慢停的原则，即在启动时不应将转速增加过高，而离心完成时也不应使转子马上停下来，现在较新型号的离心机已自动设置了启动和结束时的缓冲时间。

（3）开机前应检查机腔有无异物掉入。

（4）离心管选用不易破裂材质，挥发性或腐蚀性液体离心时，应使用带盖的离心管，确保液体不外漏，以免污染、侵蚀机腔或造成事故。

（5）若在离心过程中，离心机出现异常情况，应立即停止离心机工作，或切断电源，报请专业技术人员进行检修。

（王　东）

实验二　真核生物基因组DNA的提取

I　酚-氯仿提取法

一、目的要求

1. 掌握哺乳动物外周血基因组 DNA 提取的原理。

2. 熟悉酚-氯仿分离纯化哺乳动物外周血基因组 DNA 提取的主要步骤、所用试剂的主要作用。

3. 了解制备基因组 DNA 的主要意义。

二、实验原理

制备基因组 DNA 是进行基因结构和功能研究的重要步骤，通常要求得到的片段的长度不小于 100～200kb。在 DNA 提取过程中应尽量避免使 DNA 断裂和被 DNA 酶（DNase）降解的各种因素，以保证 DNA 的完整性。一般真核细胞基因组 DNA 有 $10^7 \sim 10^9$bp，可以从新鲜组织、培养细胞或低温保存的组织细胞中提取。

在制备 DNA 时，去除蛋白质等杂质是提取的重要步骤。真核生物 DNA 主要以核蛋白形式存在于细胞核中，因此要从细胞中提取 DNA 时，必须先粉碎组织，裂解细胞膜和核膜，释放核蛋白，变性和消化蛋白质，再去除细胞中的糖类、脂类、RNA 等物质，沉淀 DNA，去除盐类、有机剂等杂质，得到纯化的 DNA。总的原则是：①防止和抑制 DNase 对 DNA 的降解，保证核酸一级结构的完整性；②去除其他分子的污染。

酚-氯仿抽提法是比较常用的核酸提取方法之一，利用酚是蛋白质的变性剂进行反复抽提。在蛋白酶 K、EDTA 的存在下消化蛋白质，变性降解核蛋白，使 DNA 从核蛋白中游离出来。在有机溶剂抽提过程中，有效去除蛋白质、多糖、酚类等杂质，最后再通过乙醇沉淀即可使核酸分离出来。大致步骤是：①细胞裂解液（含螯合剂 EDTA 和去污剂 SDS）裂解细胞；②蛋白酶 K 消化裂解产物；③酚-氯仿抽提；④乙醇沉淀。这一方法获得的 DNA 经酶切后可用于 Southern 印迹法、作为 PCR 扩增的模板、用于构建基因组文库等实验。

三、主要试剂及其作用

1. STMT 溶液

S：Sugar（蔗糖）　　　8%

T：Triton X-100　　　　1%

M：MgCl$_2$　　　　　　0.5mmol/L

T：Tris-HCl　　　　　　10mmol/L（pH8.0）

作用：利用 Triton 在细胞膜上打孔，裂解细胞。从末梢血中提取 DNA，主要是从白细胞中提取。

2. NE 溶液

N：NaCl　　　　　　　50mmol/L

E：EDTA-Na$_2$　　25mmol/L（pH8.0）

作用：二价金属离子螯合剂，抑制 DNase 的活性，提供螯合 DNase 发挥活性所需的二价阳离子。

3. SDS 十二烷基硫酸钠，终浓度 0.5%。

作用：阴离子型去污剂，溶解细胞膜、核膜上脂质成分，使蛋白质变性，对核酸酶有抑制作用。

4. 蛋白酶 K 浓度 20mg/ml。

作用：是广谱蛋白酶，能在 SDS 和 EDTA 的存在下保持很高的活性，降解蛋白质，将 DNA 游离。

5. TE 饱和重蒸苯酚 由重蒸苯酚、TE 溶液、8-羟基喹啉三种物质配制而成。

作用：酚的作用是变性蛋白质，而对 DNA 结构没有影响，去除蛋白等杂质。酚无色，其氧化产物，如醌等呈现粉红色，具有破坏磷酸二酯键的作用。重蒸酚可将酚中的氧化产物去除。TE 溶液作用：提供略偏碱的 pH 环境，保证 DNA 溶于水相。在酸性条件下，DNA 分配于有机相。8-羟基喹啉浓度为 0.1%，作为酚相指示剂，为抗氧化剂。为防止酚对后续实验的影响，一般再用氯仿抽提去除残留的酚。

6. 酚-氯仿（1∶1）

作用：氯仿的变性作用不如酚好，但与酚共同/交替使用可增强去蛋白效果；氯仿有加速有机相和水相的分离、去除植物色素和蔗糖、抑制核酸酶活性的作用。

7. 氯仿-异戊醇（24∶1）

作用：用氯仿去除 DNA 水溶液中残留的微量酚；异戊醇减少操作过程中气泡的产生。

8. 乙酸钠 3mol/L NaAc（pH5.2）。

作用：提供单价阳离子。

9. 无水乙醇

作用：在单价阳离子存在的情况下，乙醇可以使 DNA 发生沉淀。核酸是多聚阴离子的水溶性化合物，能与很多阳离子形成盐类而沉淀，在许多种有机溶剂中不溶解，也不会被变性。最常用沉淀剂为钠、钾、胺和锂等离子的盐类，如乙酸钠、NaCl、氯化锂、氯化钾等。常用有机沉淀剂有乙醇、异丙醇、聚乙二醇、精胺等。

四、主要器材

1. 微量移液器（2μl、20μl、200μl、1000μl）及吸头。

2. 1.5ml Eppendorf 管（EP 管）。

3. EDTA-Na$_2$ 抗凝管。

4. 台式高速离心机。

5. 低温冰箱。

五、操作步骤

1. 取 0.3ml 抗凝血置于 1.5ml 的 EP 管中。

2. 加入 1ml STMT 溶液，充分混匀，静置 5min，使其溶血。

3. 9000r/min，离心 3min，弃上清液，轻弹管底重悬沉淀。

4. 加 0.4ml 生理盐水或 PBS，重悬细胞。

5. 9000r/min，离心 3min，弃上清液，弹匀。

6. 加 460μl NE 溶液，混匀。

7. 加 30μl 10% SDS，迅速混匀。

8. 加 50μl 蛋白酶 K（20mg/ml），混匀。置 50℃水浴 1h。

9. 加入 550μl（等体积）TE 饱和酚，混匀 1min，10 000r/min，离心 2min。（注：酚可腐蚀移液器等，抽取下层酚相时，移液器吸头用过即弃掉。轻柔混匀，避免 DNA 链断裂；但是太轻又起不到变性蛋白质的作用）。

10. 将上层水相移到一新 EP 管中（注：尽量抽尽，但不可吸起酚相），加入 500μl（等体积）酚/氯仿，同上条件混匀、离心。

11. 将上层水相移至一新管中，加入 500μl（等体积）氯仿-异戊醇，同上条件离心、取上清液。

12. 加入 1/10 体积（约 30μl）乙酸钠于上清液中充分混匀。加入 2～2.5 倍体积无水乙醇（约 1ml），混匀，−20℃放置 1h（或−70℃放置 10min）。

13. 10 000r/min 离心 5min，弃上清液（倒）。

14. 10 000r/min 离心 1min，弃上清液（吸）。

15. 用滤纸条吸干 EP 管内壁液体（不要触及 DNA 沉淀），室温干燥 10min，观察 DNA 沉淀的颜色。

16. 加入 20μl 无菌双蒸水，溶解沉淀，−20℃保存。

六、注意事项

1. 本实验用到的 TE 饱和重蒸苯酚、氯仿-异戊醇是有机试剂，比水的比重大，而 DNA 溶解在水相中，因此总是取上清液。

2. 在抽取完苯酚、氯仿等有机试剂时尤其不能将移液器平放或倒置，以防液体倒流损坏移液器，加完样后立即弃掉移液器吸头。

3. 基因组 DNA 由于太大，非常容易受机械剪切而断裂。因此，为了得到完整的基因组 DNA，尽量不要多次进行物理性操作（如用移液器反复吹打等），有时需要将移液器头尖剪断，以防由于吸头太细造成基因组 DNA 通过狭小通道而断裂。

4. 取上清液时，如果上清液过少，可再加入少量水，重新离心以避免 DNA 损失过多。

七、思考题

1. 在 DNA 提取后，如何鉴定 DNA 的质量？

2. 实验中所用到的 EDTA、SDS、酚、氯仿、乙醇等试剂的主要作用是什么？

3. DNA 提取过程中应注意什么？

Ⅱ 离心柱法

一、目的要求

1. 掌握离心柱法提取哺乳动物外周血基因组 DNA 的基本原理。

2. 熟练掌握一种以上商业化离心柱法提取的基本操作方法。

二、实验原理

目前比较常用的核酸提取方法有酚-氯仿提取法、离心柱法和磁珠法。上一实验采用酚-氯仿提取法，其优点是采用了实验室常见的试剂和药品，实验成本比较低廉。但缺点也较为明显，由于大量使用了苯酚、氯仿等试剂，毒性较大，长时间操作对实验人员健康有较大影响，而且核酸的回收率较低，实验重复性差，由于提取过程损失量较大，往往采用较大体系进行提取，因此，不适合大样本量的核酸提取。目前高校、研究所普遍应用离心柱法进行 DNA 提取，与酚-氯仿提取法相比，离心柱法操作易于微量操作，提取 DNA 纯度较高，有利于 RNA 保护，且相对便捷、价格低廉。

离心柱法提取 DNA 的主要原理是将细胞膜裂解后，变性蛋白质，将对核酸有吸附作用的官能团固定在离心柱膜上（如硅胶膜），特异吸附核酸，通过加入不同的洗涤试剂，反复离心，达到核酸与杂质分离的目的，快速纯化得到基因组 DNA。目前商业化的离心柱法 DNA 提取试剂盒比较成熟，适用于小体系标本，如全血（≤ 1ml）、培养细胞和动物组织等基因组 DNA 的提取。纯化所得的 DNA 片段大小一般可达 10 ～ 50kb，可直接进行 PCR、酶切、测序和 Southern 印迹法等实验操作。

三、主要试剂

主要试剂由具体商业化试剂盒提供。一般包括细胞膜裂解液、洗涤缓冲液、低盐洗脱缓冲液、蛋白酶 K、RNase A 等组成。

四、主要器材

1. 微量移液器（2μl、20μl、200μl、1000μl）及吸头。

2. 1.5ml Eppendorf 管（EP 管）、吸附柱 CB3、收集管。

3. 台式高速离心机。

4. 低温冰箱。

5. 水平电泳槽、电泳仪。

6. 金属浴、恒温水浴箱。

五、操作步骤

商业化试剂盒的操作过程基本类似，包括处理材料、蛋白酶 K 消化、转移至离心柱反复清洗离心、DNA 洗脱等步骤，具体试剂使用量、离心条件等参见各品牌使用说明书。

六、注意事项

1. 应尽量使用新鲜的血液样本材料，确保纯化得到的基因组 DNA 的完整性。

2. 洗脱缓冲液体积不应过小，否则将影响回收效率，洗脱液应保证其 pH 在 7.0 ～ 8.5 范围内，pH ＜ 7.0 会降低洗脱效率。

3. DNA 产物长期保存应置于 -20℃或以下，以防 DNA 降解。

七、思考题

1. 比较实验室的常用几种 DNA 提取方法，简要说明其原理及优缺点。

2. 离心柱法的核心是 DNA 可以特异性结合至离心柱膜上（如硅胶膜），试根据 DNA 特点，思考硅胶膜应具备哪些特性？

（王　东）

实验三　基因组 DNA 的酶切与鉴定

一、目的要求

1. 掌握限制性内切酶（简称限制酶）切割 DNA 的原理和基本技术。
2. 掌握琼脂糖凝胶电泳分析酶切产物的方法。
3. 了解酶切反应的影响因素。

二、实验原理

（一）限制性内切酶的工作原理

限制酶主要存在于原核生物中，是一类能识别双链 DNA 分子中特异核苷酸序列，并使 DNA 水解的酶。根据其识别切割特性、催化条件以及是否具有修饰酶活性，可分为 I、II、III 型三大类，其中 II 型限制酶是分子克隆技术中最常用的工具酶。

绝大多数 II 类限制酶识别长度为 4～8 个核苷酸的回文对称特异核苷酸序列（反向重复序列）。II 类酶切割位点在识别序列中，有的在对称轴处切割，产生平端的 DNA 片段（如 *Sma* I：5′-CCC↓GGG-3′）；有的切割位点在对称轴一侧，产生带有单链突出末端的 DNA 片段，称为黏性末端（黏端），包括 5′-黏端和 3′-黏端。如 *Eco*R I 或 *Hind* III 切割识别序列后产生的是两个互补的 5′-黏端。

*Eco*R I	*Hind* III
5′ ⋯ G｜A A T T C ⋯ 3′	5′ ⋯ A｜A G C T T ⋯ 3′
3′ ⋯ C T T A A｜G ⋯ 5′	3′ ⋯ T T C G A｜A ⋯ 5′

酶单位规定为：在最适反应条件下 1h 完全消化 1μg λDNA 的酶量为 1 个单位。酶切反应后，常用琼脂糖凝胶电泳对酶切产物进行鉴定。用 *Eco*R I 或 *Hind* III 酶解 λDNA 以后所产生的片段常作为电泳时的分子量标准。λDNA 为长度约 50kb 的双链 DNA 分子，*Eco*R I 切割 λDNA 后得到 6 个片段，条带组成：21 226bp；7421bp；5804bp；5643bp；4878bp；3530bp。*Hind* III 切割 λDNA 后得到 8 个片段，条带组成：23 130bp；9416bp；6557bp；4361bp；2322bp；2027bp；564bp；125bp。

（二）琼脂糖凝胶电泳原理

琼脂糖是从海藻中提取的一种线状高聚物。根据琼脂糖的熔化温度，把琼脂糖分为一般琼脂糖和低熔点琼脂糖，低熔点琼脂糖熔点为 62～65℃，熔化后在 37℃下维持液体状态数小时，主要用于 DNA 片段的回收，质粒与外源性 DNA 的快速连接等。

在电场中，在中性 pH 下带负电荷的 DNA 向阳极迁移，其迁移速率由下列多种因素决定。① DNA 分子大小：线状双链 DNA 分子在一定浓度琼脂糖凝胶中的迁移速率与 DNA 分子量对数呈负相关，分子越大则所受阻力越大，也越难于在凝胶孔隙中蠕行，因而迁移得越慢；②琼脂糖浓度：凝胶浓度的选择取决于 DNA 分子的大小。分离小于 0.5kb 的 DNA 片段所需胶浓度是 1.2%～1.5%，分离大于 10kb 的 DNA 分子所需胶浓度为 0.3%～0.7%，DNA 片段大小介于两者之间则所需胶浓度为 0.8%～1.0%（表 3-3-1）；③ DNA 构象：不同构型的 DNA 分子的迁移速度不同，三种构型的分子包括共价闭合环状的超螺旋分子（cccDNA）、开环分子（ocDNA）和线状 DNA 分子（IDNA），进行电泳时的迁移速度大小顺序为 cccDNA ＞ IDNA ＞ ocDNA；④所用的电压；⑤电泳缓冲液：常用的几种电泳缓冲液有 TAE、TBE、TPE，一般配制成浓缩母液，储于室温。

表 3-3-1　不同琼脂糖浓度分离线性 DNA 分子的范围

琼脂糖浓度（%）	0.3	0.6	0.7	0.9	1.2	1.5	12.0
线性 DNA 分子的分离范围（kb）	5～60	1～20	0.8～10	0.5～7	0.9～6	0.2～3	0.1～2

将酶切后的 DNA 片段和 DNA Marker 一起进行琼脂糖凝胶电泳，即可得到条带清晰的电泳图谱，即限制性图谱，从而推测出各 DNA 片段的大小。

三、主要材料与试剂

1. 材料

（1）λDNA（或者质粒）：购买或自行提取纯化。

（2）限制性内切酶（*Eco*R I 或 *Hin*d III）其酶切缓冲液（成品）。

（3）琼脂糖（agarose）：进口或国产的电泳用琼脂糖。

2. 主要试剂

（1）0.5moL/L EDTA（pH8.0）：700ml H_2O 中加 186.1g $Na_2EDTA \cdot 2H_2O$，10%NaOH 调 pH 至 8.0（约 50ml），补水至 1L。

（2）5×TBE 储存液：54gTris，27.5g 硼酸，20ml 0.5mol/L EDTA（pH8.0）溶液，加双蒸水至 1L。应用时稀释 10 倍使用。

（3）6×上样缓冲液。

（4）溴化乙锭（EB）染液或 SYBR Green I、Golden View 等。

（5）DNA Marker。

四、主要器材

恒温水浴箱或金属浴、台式高速离心机、离心管、移液器、吸头、电泳设备、微波炉、紫外透射分析仪或凝胶成像系统。

五、操作步骤

1. 将清洁干燥并经灭菌的 0.2ml 或 0.5ml 薄壁离心管编号，用移液器分别加入以下试剂（表 3-3-2）。

表 3-3-2　酶切反应体系

反应体系	反应体积
λDNA	5μl
10×Buffer	2μl
*Hin*d III 或 *Eco*R I（最后加入）	2μl
双蒸水	20μl

注意：限制性内切酶最后加入，用手指轻弹管壁使溶液混匀，也可用微量离心机

6000r/min，离心 15s，使溶液集中在管底。

2. 混匀反应体系后，将反应管置于适当的支持物上，37℃水浴保温 0.75 ～ 3h，使酶切反应完全。酶切完毕，取 5μl 酶切产物进行琼脂糖凝胶电泳，鉴定酶切反应效果。如果酶切不完全，可继续酶解消化反应。

3. 琼脂糖凝胶电泳检测酶切产物

（1）安装电泳槽：将有机玻璃的电泳凝胶床洗净，晾干，放在水平的工作台上，插上样品梳。

（2）琼脂糖凝胶的制备：按 0.8% 的琼脂糖含量配制凝胶（用 0.5×TBE 配制），微波炉加热至完全熔化，加入荧光染料，摇匀。

（3）灌胶：将冷却至 60℃左右的琼脂糖溶液轻轻倒入电泳凝胶床，注意避免产生气泡。

（4）待琼脂糖凝固后，轻轻垂直拔出样品梳，将凝胶放入电泳槽，在电泳槽内小心加入电泳缓冲液，电泳缓冲液稍微没过凝胶。

（5）上样：将 DNA 样品（酶切产物）与 6×上样缓冲液按 5∶1 混合，用移液器加入凝胶样品槽中，每槽可加入 6 ～ 10μl，记录样品加入次序和加样量。在第一个孔内加 5μl DNA Marker。

（6）电泳：安装好电极导线，点样孔一端接负极，另一端接正极，打开电源，调电压 100 ～ 110V，时间 40 ～ 60min，当溴酚蓝移到距胶前沿 1 ～ 2cm 时，停止电泳。

（7）紫外灯下观察电泳条带。

4. 经电泳观察酶切反应完全后，将上述反应液置于 65℃水浴中 10 ～ 15min，或者每管加入 2μl 0.1mol/L EDTA（pH8.0），混匀，终止酶切反应，将酶切产物保存于-20℃备用。

5. 预期结果 用内切酶 *Eco*R I 或 *Hind* III 酶切 λDNA，电泳结果可出现多个条带（图 3-3-1，图 3-3-2）。

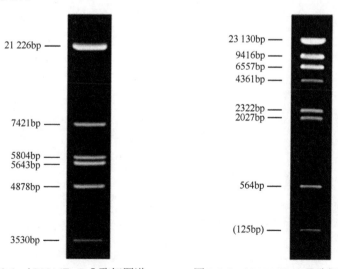

图 3-3-1 λDNA/*Eco*R I 酶切图谱　　图 3-3-2 λDNA/*Hind* III 酶切图谱

六、注意事项

1. 限制酶需保存于-20℃，操作时应将酶保持在冰浴中，尽量减少室温接触机会。吸取酶液时，每次更换新吸头，不可没入酶液过深。

2. 限制酶溶液通常含有 50% 甘油，加入反应管后，由于密度较大，往往沉淀于溶液底部，所以要充分混匀。

3. 加样时吸头垂直进入试管，避免碰到管壁，避免污染试剂。

4. 酶解消化反应时间及温度应根据该酶使用说明书而定。

5. DNA 纯度、缓冲液、温度条件及限制性内切酶本身都会影响限制性内切酶的活性。大部分限制性内切酶不受 RNA 或单链 DNA 的影响。

6. 注意酶的用量，通常加入的酶量按 $1 \sim 3U/\mu g$ DNA 计算，酶的体积应低于反应总体积的 10%，以避免酶液中甘油干扰反应。但要完全酶解则必须增加酶的用量，一般增加 2 倍，甚至更多，反应时间也可适当延长。但酶量过大（$\geqslant 25U/\mu g$ DNA）时，有产生所谓星号活性的可能，即在识别序列以外的位点进行切割。此外，反应体系中甘油的质量分数大于 12%，以及缺少 NaCl 等，也可能出现星号活性。

七、思考题

1. 限制酶的酶切反应体系包括哪些要素？

2. 哪些因素会影响酶切的效果？

3. 电泳点样时为什么要加上样缓冲液？

（韩玉萍）

实验四　聚合酶链反应（PCR）

一、实验目的

1. 掌握聚合酶链反应（polymerase chain reaction，PCR）的基本工作原理和实验操作技术。

2. 了解 PCR 反应条件的优化及其在医学上的应用。

二、实验原理

PCR 是一种体外核酸扩增技术，其原理类似 DNA 分子的天然复制过程，是一个在模板 DNA、一对已知序列的寡核苷酸引物和四种脱氧核苷酸等存在的情况下，依赖 DNA 聚合酶发生的酶促合成反应。扩增的特异性取决于引物与模板 DNA 的结合。典型的扩增过程分为三步。①变性：加热使模板 DNA 双链间的氢键断裂而形成两条单链；②退火：突然降低温度后模板 DNA 与引物按碱基配对原则互补结合，两条模板链之间也可结合，但由于引物浓度高、结构简单，主要的结合发生在引物与模板之间；③延伸：在 DNA 聚合酶及缓冲液等条件下，从引物的 3′ 端开始，按照碱基互补规律，结合单核苷酸，以目的基因为模板，从 5′ → 3′ 方向延伸，合成新的 DNA 互补链。以上三步为 1 个循环，每循环 1 次，样本中的 DNA 量就增加 1 倍，新合成的 DNA 链又成为下一轮循环的模板。经过 25 ～ 35 个循环后，使介于两个引物之间的 DNA 片段扩增 10^6 ～ 10^9 倍。

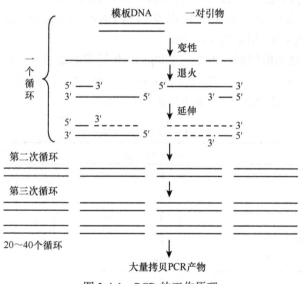

图 3-4-1　PCR 的工作原理

PCR 能快速特异扩增任何已知目的基因或 DNA 片段，并能轻易将皮克（pg）水平起始 DNA 混合物中的目的基因扩增达到纳克（ng）、微克（μg）、毫克（mg）级的特异性 DNA 片段。该技术已成为分子生物学中 DNA 克隆及基因分析的必需工具，不仅可以用于目的基因的分离、克隆和核苷酸序列分析，还可以用于突变体和重组体的构建，基因多态性的分析，遗传病和传染病的诊断，肿瘤发病机制的探索，法医学鉴定等多个方面。

三、主要材料与试剂

1. 材料　不同来源的模板 DNA：真核基因组 DNA 常用浓度 50ng/ml ～ 100μg/ml。本实验模板为离心柱型分离法提取小鼠外周血基因组 DNA。

2. 试剂

（1）2×*Taq* 混合物：0.1 U *Taq*DNA 聚合酶、500 μmol/L dNTP、20 mmol/L Tris-HCl（pH 8.3）、100 mmol/L KCl、3 mmol/L $MgCl_2$、蓝色染料、其他稳定剂和增强剂。

（2）上游和下游寡核苷酸引物：本实验根据小鼠 GAPDH 管家基因编码区序列设计，PCR 产物长度 153bp。

引物 F: 5′ CAC TGC CAC CCA GAA GAC TG 3′

引物 R: 5′ AGC ATT CCA GTG AGC TTC CCG TTC AG 3′

（3）琼脂糖。

（4）溴化乙锭（EB）染液或 SYBR Green Ⅰ，Golden View 等。

（5）DNA Marker。

四、主要器材

PCR 仪、旋涡混匀器、微量离心机、微量移液器及吸头、PCR 薄壁管、电泳设备、微波炉、紫外透射分析仪或凝胶成像系统。

五、操作步骤

1. DNA 模板的准备　真核基因组 DNA 常用浓度 50ng/ml ～ 100μg/ml。本实验模板为离心柱型分离法提取小鼠外周血基因组 DNA（300μl 全血，提取的 DNA 溶于 100 ～ 120μl TE 溶液中），用量为 1 ～ 2μl。

2. PCR 反应混合液的配制　取 2 只 200μl PCR 管进行编号。1 号管为阳性反应管，2号管为阴性对照管。按表 3-4-1 的顺序加入各成分，配制好后用旋涡混匀器混匀液体，微量离心机短暂离心后放入 PCR 仪加热模块准备反应。

表 3-4-1　PCR 反应体系

试剂	阳性对照管（μl）	阴性对照管（μl）
双蒸水	6	8
引物 F（5μM）	1	1
引物 R（5μM）	1	1
模板 DNA	2	0
2×*Taq* 混合物	10	10
总体积	20	20

3. 设定反应程序

（1）预变性：95℃，3 ～ 5min。

（2）循环扩增：94℃，30s→57.5℃，30s（根据不同引物可能有不同退火温度）→72℃，60s，循环 30 次。

（3）再延伸：72℃，5min。

反应结束后，如需过夜，可将 PCR 产物放置于 4℃保存。

4. 琼脂糖凝胶电泳 从 2 个 PCR 反应管内各取 PCR 扩增产物 10μl，在 1.5% 琼脂糖凝胶中进行电泳分析。

5. 结果分析 电泳结束后将凝胶置于紫外透射分析仪或凝胶成像系统观察结果并进行分析。

六、注意事项

1. PCR 体系所加成分的实际用量应根据实验者选用的该成分的终浓度及所拥有的储备液浓度进行核算。

2. 加样时吸头垂直进入试剂管，每加完一个试剂要更换吸头，避免污染，注意防止错加或漏加。

3. *Taq* 聚合酶（置于冰浴）应最后加入，尽量减少室温接触机会。加酶时吸头探入不可过深，酶量不能过多。

4. 所有试剂都应该没有核酸和核酸酶的污染。操作全程应戴手套。

5. PCR 反应受到多种因素的影响，包括模板 DNA、PCR 引物、*Taq* 酶量、dNTP 浓度、PCR 缓冲液、循环参数等，可适当优化反应体系。

七、思考题

1. PCR 的工作原理是什么？
2. PCR 的反应体系有哪些要素？
3. PCR 过程中，DNA 的扩增是否可以无限进行？

（韩玉萍）

实验五　Southern 印迹法

一、目的要求

1. 掌握 Southern 印迹法的工作原理。

2. 熟悉 Southern 印迹法的基本操作方法。

3. 了解 Southern 印迹法的意义。

二、实验原理

印迹杂交技术：1975 年，E. M. Southern 创建了将电泳分离的 DNA 片段转移到一定的固相支持物上（此过程称为印迹），然后加入探针进行分子杂交的技术，Southern 印迹法因此得名。基于 Southern 印迹法的原理，科学家又建立了检测 RNA 的 Northern 印迹法和检测蛋白质的 Western 印迹法，三者统称为印迹杂交技术。本实验着重介绍印迹杂交技术的基本原理和主要步骤，实验者可根据目的物的种类和性质选择适宜探针或适宜抗体，结合实验目的和要求优化实验条件。

Southern 印迹法的基本原理为：将待检测的 DNA 分子用限制性内切酶消化后，通过琼脂糖凝胶电泳进行分离，把分离后定位在凝胶上的不同分子量的 DNA 经碱变性处理后，转移变性 DNA 至固相支持滤膜上。利用标记放射性元素或非放射性标记的 DNA、RNA 或寡核苷酸探针与固着于滤膜上的 DNA 进行同源性杂交。如果待检测物中含有与探针互补的序列，则二者通过碱基互补原则进行结合，洗脱游离探针后经特定的检测方法如放射自显影可以确定与探针互补的条带的位置，分析待检测片段及其相对大小。

该技术不仅可检测与探针同源的 DNA 序列，还可测定 DNA 分子量。广泛应用于检测样品中的 DNA 结构及其含量，分析基因是否发生点突变、DNA 重排；也可应用于遗传病检测、DNA 指纹分析和 PCR 产物判断等研究中。此外，Southern 印迹法的原理和方法后来被应用于基因芯片技术，高通量分析基因组结构和功能。

三、主要试剂

1. 酶消化好的 DNA 样品，10mg/ml（见第三篇　实验三）。

2. 电泳缓冲液　0.5×TBE。

3. 变性液/碱性转移缓冲液　1mol/L NaCl，0.4mol/L NaOH。

4. 中和液　0.5mol/L Tris-HCl（pH=7.2），1mol/L NaCl。

5. 杂交液　6×SSC，5×Denhardt's 试剂，0.5%SDS，50% 甲酰胺，ddH_2O，1μg/ml poly(A)，100 μg/ml 鲑鱼精 DNA 变性后加入。

6. 核酸染料　溴化乙锭（EB）染液或 SYBR Green Ⅰ、Golden View、Gene Green 等。

7. 上样缓冲液（loading buffer）　50% 甘油，1mmol/L EDTA，0.4% 溴酚蓝，0.4% 二甲苯青 FF。

8. DNA Marker（根据 DNA 大小及酶切图谱选择适宜 Marker）。

9. 标记探针（根据目的 DNA 结构选择适宜探针）。

10. 转移液　20×SSC，3mol/L NaCl，0.3mol/L 柠檬酸钠。

11. 2×SSC　用无菌移液管吸取 20×SSC 溶液 5ml，加无菌水定容至 50ml。

12. 6×SSC　用无菌移液管吸取 20×SSC 溶液 15ml，加无菌水定容至 50ml。

13. 0.1×SSC　用无菌移液管吸取 20×SSC 溶液 0.5ml，加无菌水定容至 100ml。

四、主要器材

尼龙膜，瓷盘，滤纸（Whatman 3MM 滤纸），放射自显影盒，X 线胶片，底片暗盒，恒温水浴箱，电泳仪，水平电泳槽，杂交炉，80℃烤箱，400g 重物，恒温摇床，透明荧光尺，玻璃干烤皿，裁纸刀片。

五、操作步骤

1. 基因组 DNA 酶切产物的琼脂糖凝胶电泳

（1）制备 0.8% 的琼脂糖凝胶：称取 0.8g 的琼脂糖溶于 100ml 电泳缓冲液 0.5×TBE 中，待温度降至 60℃左右加入适量核酸染液如 Gene Green，混匀后倒在制胶板中，插入样梳等待凝固。

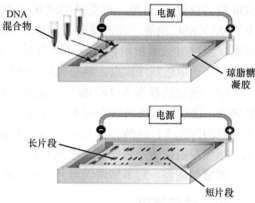

（2）电泳：酶切后的 DNA 样品与上样缓冲液按 5∶1 的比例混匀上样，10μl 上样，留一或两泳道加 DNA Marker。160V 电压下，DNA 从负极泳向正极，电泳至溴酚蓝指示剂接近凝胶另一端时，停止电泳。取出凝胶，紫外灯下观察电泳效果，拍摄照片。在胶的一侧放置一把透明荧光尺以便从照片中直接读取每一个 DNA 条带迁移的距离（图 3-5-1）。

图 3-5-1　DNA 琼脂糖凝胶电泳示意图

2. DNA 从琼脂糖凝胶转移到固相支持物（毛细虹吸转移法，带电荷的尼龙膜）

（1）碱变性：室温下将凝胶转入数倍体积的变性液中，浸泡 15min，其间轻轻振荡，更换一次变性液，继续浸泡 20min，至溴酚蓝完全恢复蓝色。

（2）将凝胶用去离子水漂洗一次，然后加适量中和液浸泡 30min，持续轻微振荡，换新鲜中和液，再次浸泡 15min。

（3）转移：按凝胶的大小剪裁尼龙膜，并剪去一角作为标记，再按凝胶的尺寸剪 3～5 张滤纸和大量的纸巾备用。用去离子水充分润湿尼龙膜后，将其浸入转移液 20×SSC 中 5min。剪一张比膜稍宽的吸水纸放在玻璃皿上作为支持物，吸水纸两端从皿的边缘垂下，然后将这一支持物放于一个大的干烤皿中（盛放有适当的转移缓冲液），支持物上的吸水纸会迅速浸润转移缓冲液，赶走气泡。将中和后的凝胶倒转放于吸水纸中央，赶走气泡。用适量转移液将凝胶润湿，在凝胶上面小心放置尼龙膜使其覆盖整块胶，尼龙膜上放置 3～5 张吸水纸和纸巾，顶端放置一块玻璃板，其上压约 400g 的重物。转移过程一般需要 8～24h。转移过程中，每隔数小时换掉已经湿掉的纸巾。注意在膜与胶之间不能有气泡，整个操作过程应戴手套，防止膜上沾染其他污染物。

（4）固定：转膜结束后，标记好加样孔位置和与 DNA Marker 分子量对应的位置，将与凝胶接触面标为膜的正面。凝胶染色观察转膜效果。将尼龙膜浸泡于 6×SSC 中，洗去膜上沾染的凝胶颗粒。80℃烘烤 2h 或紫外交联仪下照射 5min（5000μJ/cm^2），固定 DNA 于膜上。

3. 杂交

（1）预杂交：将含有目的 DNA 的膜浸入 65℃预热的 6×SSC 中洗膜 5min，杂交瓶中加入杂交液（8cm×8cm 的膜加 5ml 即可），将膜放入，瓶盖拧紧后放入杂交炉中（需预热至杂交温度），65℃杂交（8～15r/min）4h。

（2）探针变性（探针准备）：如果放射性探针为双链 DNA，就将 DNA 探针 100℃变性 5～10min，立即置冰浴中保存。

（3）杂交：彻底弃去杂交瓶中预杂交液，加入等量含变性探针的杂交液，放入预热杂交炉，65℃杂交过夜。

4. 洗膜与信号检测

（1）取出膜，室温下 2×SSC/0.5% SDS 20ml 漂洗 5min，然后更换溶液 2×SSC/0.1% SDS 室温放置 15 分钟，再更换溶液 0.1×SSC/0.1% SDS 65℃下放置 0.5～4h，最后室温下用 0.1×SSC 洗膜。在洗膜的过程中，不断用放射性检测仪探测膜上的放射强度。实践证明，当放射强度指示数值较环境背景高 1～2 倍时，是洗膜的终止点。上述洗膜过程无论在哪一步达到终止点，都必须停止洗膜。

（2）洗完的膜浸入 2×SSC 中 2min，取出膜，用滤纸吸干膜表面的水分，并用保鲜膜包裹，注意保鲜膜与膜之间不能有气泡。将膜正面向上，放入暗盒中（加双侧增感屏），在暗室的红光下，贴两张 X 线片，每一片都用透明胶带固定，合上暗盒，置-70℃低温冰箱中曝光。根据信号强弱决定曝光时间，一般需要 1～3d 时间。洗片时，先洗一张 X 线片，若感光偏弱，则多加两天曝光时间，再洗第二张片子。

六、注意事项

1. 影响 Southern 印迹法实验的因素很多，主要有 DNA 纯度、酶切效率、电泳分离效果、转移效率、探针比活性和洗膜终止点等。

2. 要取得好的转移和杂交效果，应根据 DNA 分子的大小，适当调整变性时间。对于分子量较大的 DNA 片段（＞15kb），可在变性前用 0.2mol/L HCl 预处理 10min 使其脱嘌呤。

3. 转移用的尼龙膜要预先在双蒸水中浸泡使其湿透，否则影响转膜效果；不可用手触摸尼龙膜，否则影响 DNA 的转移及与膜的结合。

4. 电转移时，凝胶的四周封严，防止在转移过程中产生短路，影响转移效率，同时注意尼龙膜与凝胶及滤纸间不能留有气泡，以免影响转移。

5. 探针一经变性必须立即使用。

6. 注意同位素的安全使用。

七、思考题

1. 为什么转膜前要对凝胶预处理？应如何处理？

2. 正式杂交前，为什么要先进行预杂交？

3. 怎样提高转移效率？

（时丽洁）

实验六 Northern 印迹法

一、目的要求

1. 掌握 Northern 印迹法的工作原理。

2. 熟悉 Northern 印迹法的基本操作方法。

3. 了解 Northern 印迹法的意义。

二、实验原理

Northern 印迹法是 RNA 定量分析的一种检测方法，将 RNA 变性及琼脂糖凝胶电泳分离后，将凝胶中的 RNA 条带转移到固相支持物上，固定后利用碱基配对原则再与标记探针进行杂交，经过显影技术分析 RNA 的含量和分子大小。此种方法主要用于检测样品中是否含有基因的转录产物（mRNA）及其含量。

三、主要试剂

1. RNAzol reagent（Trizol，总 RNA 提取试剂）。

2. 探针 DNA（至少 25ng）。

3. 20×SSPE。

4. 10×甲醛凝胶上样缓冲液：50% 甘油，10mmol/L EDTA（pH8.0），0.25% 溴酚蓝，0.25% 二甲苯青 FF。

5. 37% 甲醛溶液（13.3mol/L）。

6. 甲酰胺（无菌去离子化，等分成 1ml 于−20℃储存）。

7. 10×MOPS 电泳缓冲液　0.2mol/L MOPS（pH 7.0），20mmol/L 乙酸钠，10mmol/L EDTA（pH 8.0）。

8. 上样缓冲液（loading buffer）　50% 甘油，1mmol/L EDTA，0.4% 溴酚蓝，0.4% 二甲苯青 FF。

9. 转移缓冲液　碱性转移使用 0.01mol/L NaOH-3mol/L NaCl，中性转移使用 20×SSC。

10. 浸润液　带正电荷的膜使用 0.01mol/L NaOH-3mol/L NaCl，不带电荷的膜使用 0.05mol/L NaOH。

11. 5000^{+} DNA Ladder。

12. 亚甲蓝溶液　0.02% 亚甲蓝溶于 0.3mol/L 乙酸钠（pH 5.5）。

13. 预杂交液　0.5mol/L 磷酸钠（pH 7.2），7%SDS，1mmol/L EDTA（pH 7.0）。

14. 洗膜液　含 0.1% SDS 的 0.2×SSC，含 0.1% SDS 的 0.5×SSC，含 0.1% SDS 的 1×SSC，含 1% SDS 的 0.2×SSC。

15. 20×SSC，6×SSC（见第三篇实验五）。

16. 10×SSC　用无菌移液管吸取 20×SSC 溶液 25ml，加无菌水至 50ml。

17. RNAase Free H$_2$O。

四、主要器材

尼龙膜、瓷盘、滤纸（Whatman 3MM 滤纸）、X 线胶片、底片暗盒、恒温水浴箱、高速低温冷冻离心机、EP 管（RNAase Free）、电泳仪、凝胶成像系统、UV 交联仪、杂交炉、恒温摇床、漩涡振荡器、微波炉、转移过程中用于支持胶的有机玻璃或玻璃板、400g 重物、玻璃干烤皿、裁纸刀片。

五、操作步骤

1. RNA 样品的提取

（1）将待提取样品装入 EP 管中，再加入 1ml 的 RNAzol reagent，涡旋仪振荡混匀，室温放置 5min。

（3）分别加入 0.2ml（1/5 体积的 RNAzol reagent）的氯仿，手动摇晃 15s 混匀。

（4）在高速低温冷冻离心机中 4℃、12 000r/min 离心 15min。

（5）吸取 650µl 的上清液于新的 RNAase Free 的 EP 管中，随后马上加入相同体积的异丙醇，室温静置 10min 充分沉淀 RNA。

（6）在高速低温冷冻离心机中 4℃、12 000r/min 离心 10min，离心后 EP 管管底会出现清晰可见的 RNA 白色沉淀。

（7）倒掉上清液，加入 75% 乙醇 1ml（利用 RNAase Free H₂O 配制）室温漂洗 2min 吸净上清（最好将沉淀悬浮至洗液中），重复 2 次。

（8）室温干燥，至沉淀微微透明，加 RNAase Free H₂O（提前 65℃温育）溶解吹打。

（9）利用 1%（W/V）的琼脂糖凝胶进行电泳跑胶（2µl RNA 样品+8µl 水+2µl 上样缓冲液上样，采用 "5000⁺ DNA Ladder" 作为片段大小指示，180V 电压电泳 20min），检测提取质量（图 3-6-1）。

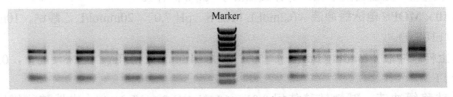

图 3-6-1   提取的 RNA 电泳图

2. RNA 样品的变性琼脂糖凝胶电泳检测

（1）制胶

1）将制胶工具用 70% 乙醇冲洗一遍，晾干备用。

2）配制含有 2.2mol/L 甲醛的琼脂糖凝胶：称取 1.5g 琼脂糖，加入 72ml 蒸馏水，微波炉内加热至琼脂糖完全溶解。

3）待胶凉至 60～70℃时，依次向其中加入 18ml 甲醛、10ml 10×MOPS 缓冲液，混合均匀后立即灌胶（注意避免产生气泡）。

（2）RNA 变性：取经 DEPC 处理过的 500µl 小离心管，按表 3-6-1 加入试剂。

表 3-6-1　RNA 样品的变性琼脂糖凝胶电泳检测

RNA 样品	4μl
10×MOPS 缓冲液	2μl
37% 甲醛	4μl
甲酰胺（去离子）	10μl

充分混匀，60℃恒温水浴或金属浴，10min，再置于冰上 2min，向每管中加入 2μl 10×甲醛凝胶上样缓冲液，混匀。

（3）上样：将凝固的琼脂糖凝胶放入电泳槽中（上样孔一侧靠近负极），加入电泳缓冲液（1×MOPS 缓冲液），液面高出胶面 1～2mm，小心拔出梳子使样品孔保持完好。用微量移液器将制备好的样品加入加样孔，每孔上样 20μl。留出前后两条泳道加 RNA Ladder 作为分子量参照物。

（4）电泳：盖上电泳槽，接通电源，样品端接负极，于 5～7V/cm 的电压下电泳 2h 左右。电泳结束后，切下分子量标准参照物的凝胶条，在凝胶放置一透明尺，在紫外灯下照片上每个 RNA 条带至加样孔的距离，以 RNA 片段大小的对数值对 RNA 条带的迁移距离作图，用所得曲线计算从凝胶移到固相支持物后通过杂交检出 RNA 分子的大小。

3. 转膜

（1）用 DEPC 处理的水淋洗凝胶，以去除甲醛。

（2）将胶转入 5 倍体积的 0.01mol/L NaOH 和 3mol/L NaCl 中浸泡 20min。

（3）将凝胶转移至一个玻璃干烤皿内，用锋利的刀片修去凝胶的无用部分以保证胶与膜对齐。

（4）用长和宽均大于凝胶的玻璃板作为平台，将其放在大干烤皿内，上面放一张滤纸。

（5）于干烤皿内倒入相应的转移缓冲液直至液面略低于平台表面，当平台上方的滤纸完全湿透后，用玻璃棒或移液器赶走所有气泡。

（6）裁剪和胶一样大小的尼龙膜。

（7）将尼龙膜漂浮在去离子水表面直至全部湿透，然后将膜浸入 10×SSC 中至少 5min。

（8）将胶倒转后置于平台上的滤纸中央，确保滤纸和胶之间无气泡。

（9）用保鲜膜围绕凝胶周边，而不是覆盖凝胶。

（10）在胶的上方覆盖湿润的尼龙膜，并确保胶与膜之间无气泡。

（11）用相应的转移缓冲液浸湿两张与胶大小一致的滤纸，放于湿润的尼龙膜上，用玻璃棒赶走所有气泡。

（12）剪一叠厚 5～8cm，略小于滤纸的纸巾，放于滤纸之上，再放一块玻璃板，然后压上 400g 的重物。

（13）转移过夜。

（14）拆除毛细管转移系统，用铅笔标明膜的正面，将膜转移至 50ml 6×SSC 中，于摇床上室温轻摇 5min。

（15）从 6×SSC 溶液中取出薄膜，将多余的液体沥干后，将膜的 RNA 面向上放置于干的滤纸上数分钟。

（16）转移至尼龙膜的 RNA 可通过与亚甲蓝染色得以鉴定，将湿膜转移至含亚甲蓝溶液的玻璃器皿中染色，染色时间 3～5min，然后在可见光下拍照，照相后将膜放入含 1% SDS 的 0.2×SSC 中室温脱色 15min。

4. 杂交

（1）预杂交：在 10～20ml 预杂交液中 68℃温育膜 2h。

（2）双链探针变性

1）用 10 mmol/L EDTA 将探针稀释 10 倍。

2）90℃热处理稀释后探针 10min 后，立即放置于冰上 5min。

3）短暂离心，将溶液收集到管底。

（3）杂交

1）将变性的或单链放射性标记的探针加到预杂交液中，在 42℃下杂交过夜（14～24h）。

2）杂交完后，将杂交液收集起来于−20℃保存。

5. 洗膜与检测

（1）洗膜

1）将杂交后的膜转移至 100～200ml 含 0.1% SDS 的 1×SSC 的塑料盒中，盖上盖子置于振荡器上，温和振荡 10min。

2）再将膜转移至另一 100～200ml 预热至 68℃、含 0.1% SDS 的 0.5×SSC 的塑料盒中，68℃下温和振荡 10min，重复洗涤 3 次。

（2）曝光

1）将膜从洗膜液中取出，用保鲜膜包住，以防止膜干燥。

2）检查膜上放射性强度，估计曝光时间。

3）将 X 线底片覆盖于膜上，曝光。

4）冲洗 X 线底片，扫描记录结果。

5）去除膜上的探针：将 200ml 0.1% SDS（由 DEPC 水配制）煮沸后，将膜放入，室温下使 SDS 冷却到室温，取出膜，去除多余的液体，干燥后，可以保存几个月。

六、注意事项

1. 用于 RNA 电泳、转膜的所有器械、用具均用去污剂洗净，蒸馏水冲洗，乙醇干燥，3% 过氧化氢处理，最后用 DEPC 水彻底冲洗以去除 RNAse，以免样品降解。

2. 转膜时，注意膜和多孔渗水屏之间不要有气泡。

七、思考题

1. 为什么要使用 Northern 印迹法？ Northern 印迹法主要解决了什么问题？

2. Northern 印迹法和 Southern 印迹法的主要区别是什么？

3. 简述 Northern 印迹法所包括的主要步骤。

（时丽洁）

实验七　Western 印迹法

一、目的要求

1. 掌握 Western 印迹法的工作原理。

2. 熟悉 Western 印迹法的基本操作方法。

3. 了解 Western 印迹法的意义。

二、实验原理

Western 印迹法的检测对象是蛋白质（靶蛋白），其与 Southern 和 Northern 印迹法类似，但样品的分离方法和杂交所用的"探针"不同。在杂交之前，对蛋白质样品的分离，Western 印迹法采用的是聚丙烯酰胺凝胶电泳（PAGE）。另外，由于被检测物是蛋白质，其"探针"是抗靶蛋白的抗体（即一抗）。经过 PAGE 分离的蛋白质样品，转移到固相印迹膜（聚偏二氟乙烯膜，即 PVDF 膜）上，固相印迹膜以非共价键形式吸附蛋白质，如固相印迹膜上存在待检测的靶蛋白或多肽（作为抗原），会与对应的抗体（一抗）发生免疫反应，一抗将结合到靶蛋白上，再与酶或荧光素标记的第二抗体（即抗一抗的抗体，也称抗抗体）反应，最后经过化学发光、底物显色或荧光检测，分析电泳分离的特异靶蛋白。

蛋白质的 Western 印迹法结合了凝胶电泳的高分辨率和固相免疫检测的高特异性和高灵敏度等多种特点，可检测到低至 $1 \sim 5ng$（最低可到 $10 \sim 100pg$）大小的靶蛋白。该技术可对复杂混合物中的某些特异蛋白进行鉴别和鉴定，广泛应用于蛋白水平的检测。

三、主要试剂

1. SDS-聚丙烯酰胺凝胶电泳试剂见第二篇实验二十。

2. 标准蛋白质 Marker。

3. 1mg/ml 牛血清白蛋白（BSA），$-20℃$ 保存。

4. 单去污剂裂解液　1mol/L Tris-HCl（pH 8.0）5ml，NaCl 0.877g，TritonX-100 1ml，加 ddH$_2$O 至 100ml。

5. 0.01mol/L PBS（pH 7.3）　NaCl 8.0g，KCl 0.2g，Na$_2$HPO$_4$ 1.44g，KH$_2$PO$_4$ 0.24g，加 ddH$_2$O 至 1000ml。

6. 蛋白酶抑制剂（100mmol/L PMSF）　称取 PMSF 1.74g，加 ddH$_2$O 至 100ml。

7. G250 考马斯亮蓝染液　考马斯亮蓝（G250）0.2g，甲醇 80ml，乙酸 2ml，加 ddH$_2$O 至 200ml。

8. 第一抗体　抗靶蛋白多克隆抗体，抗 β-actin 或 GAPDH 多克隆抗体。

9. 第二抗体　HRP 标记的抗抗体。

10. 转移缓冲液　甘氨酸 2.9g，Tris 5.8g，SDS 0.37g，甲醇 200ml，加 ddH$_2$O 至 1000ml。

11. 封闭液　5% 脱脂奶粉，用 0.01mol/L PBS 现配。

12. TBST 缓冲液　蒸馏水 800ml，加 NaCl 8g，KCl 0.2g，Tris 3g，搅拌溶解后，加 HCl 调 pH 至 7.4，加 Tween 20 1.0ml，加 ddH$_2$O 至 1000ml。

13. HRP 化学发光试剂盒。

四、主要器材

PVDF 膜、保鲜膜、高压锅、玻璃匀浆器、高速离心机、电泳仪、分光光度仪、-20℃低温冰箱、恒温摇床、转移槽、转印夹、转印滤纸、海绵垫、转印滚轮、多用脱色摇床、瓷盘、X 线胶片、X 线胶片夹。

五、操作步骤

1. 蛋白样品的制备

（1）贴壁培养细胞总蛋白提取

1）轻轻倒掉培养液，并将培养瓶倒扣在吸水纸上吸干培养液，如还有残留液体，可将瓶直立放置一会儿，再用移液器小心地将其吸走。

2）每瓶细胞加 3ml 4℃预冷的 PBS（0.01mol/L pH 7.3），轻轻晃动培养瓶，洗涤细胞 1min，弃去洗液。重复以上操作两次，共洗涤细胞 3 次，以洗去培养液。将 PBS 弃净后将培养瓶置于冰上。

3）按 1ml 单去污裂解液加 10μl PMSF（100mmol/L），摇匀置于冰上。注意 PMSF 要摇匀至无结晶时才可与裂解液混合。

4）每瓶细胞加 400μl 含 PMSF 的单去污剂裂解液，于冰上裂解 30min，经常摇动培养瓶，以使细胞充分裂解。

5）裂解完成后，用干净的刮棒迅速将细胞刮于培养瓶的一侧，用移液器将细胞碎片和裂解液移至 1.5ml 离心管中。整个操作尽量在冰上进行。

6）于 4℃，12 000r/min 离心 5min。离心机要提前开机预冷。

7）将离心后的上清液分装转移至 0.5ml 离心管中，-20℃保存。

（2）组织总蛋白提取

1）将少量组织块置于 1～2ml 匀浆器中，用干净的剪刀将组织块尽量剪碎。

2）加 400μl 含 PMSF 单去污剂裂解液于匀浆器中，进行匀浆，然后置于冰上。几分钟后再匀浆一会儿，再置于冰上。重复数次使组织尽量碾碎。

3）裂解 30 分钟后，用移液器将裂解液移至 1.5ml 离心管中，4℃、12 000r/min 离心 5min，取上清液分装于 0.5ml 离心管中，-20℃保存。

2. 蛋白含量测定

（1）制作标准曲线

1）从 -20℃取出 1mg/ml BSA，室温融化后，备用。

2）取 18 支 1.5ml 离心管，3 个一组，分别标记为 A（0μg）、B（2.5μg）、C（5.0μg）、D（10.0μg）、E（20.0μg）、F（40.0μg）。

3）按表 3-7-1 在各管中加入各种试剂。

表 3-7-1 标准曲线制作

试剂	A（0μg）	B（2.5μg）	C（5.0μg）	D（10.0μg）	E（20.0μg）	F（40.0μg）
1mg/ml BSA（μg）	—	2.5	5.0	10.0	20.0	40.0
0.15mol/L NaCl（μl）	100	97.5	95.0	90.0	80.0	60.0
G250 考马斯亮蓝染液（ml）	1	1	1	1	1	1

4）按分光光度计操作步骤分别测定上述，以 A1～3 管作为空白管，分别测定上述 B1～3、C1～3、D1～3、E1～3、F1～3 各管的吸光度，每组吸光度取 3 个平行管的平均值。

5）以小牛血清白蛋白含量为横坐标，吸光度为纵坐标绘制标准曲线，并计算出回归方程。

（2）检测样品蛋白含量

1）取 1.5ml 离心管，每管加入 4℃储存的考马斯亮蓝染液 1ml，室温放置 30min，用于样品蛋白含量测定。

2）上述离心管取一管加 0.15mol/L NaCl 溶液 100μl，混匀放置 2min 可作为空白样品。

3）其余离心管中加 0.15mol/L NaCl 溶液 95μl 和待测蛋白样品 5μl，混匀后静置 2min。

4）将空白样品和待测样品分别倒入吸收池中，按分光光度计操作步骤分别测定各待测蛋白样品的吸光度（A）。

5）根据标准曲线和回归方程计算出待测样品的蛋白含量。

注意：每测一个样品要将吸收池用无水乙醇洗两次，无菌水洗一次。必要时可同时混合多个样品后再一起测，这在测定大量的蛋白样品时可节省时间。测得的结果是 5μl 样品中蛋白含量。

3. SDS-聚丙烯酰胺凝胶电泳（SDS-PAGE）（可参考相关章节）

（1）制胶：制备 SDS-聚丙烯酰胺凝胶（一般采用 10% SDS-PAGE），参考"SDS-聚丙烯酰胺凝胶电泳"章节。

（2）电泳

1）浓缩胶凝固后，将其从制胶器转移至电泳仪中并安装好，向上槽内倒入适量电泳缓冲液，拔出样梳，待测样品与上样缓冲液按 5∶1 混合后，向每孔内加样 15～20μl。

2）接通电泳仪电源与电泳仪之间的电极导线，将电压调至 100V 电泳 10～20min，待溴酚蓝迁移出浓缩胶位置再调电压至 200V，电泳 30～40min，关闭电源。

3）从电泳仪卸下凝胶玻璃板，小心将短玻璃板卸去（注意动作轻柔），轻轻刮去浓缩胶，取下完整的分离胶，放入培养皿，加入双蒸水放脱色摇床清洗，弃双蒸水，再倒入转移缓冲液，准备转膜。

4. 蛋白转膜

（1）准备：准备 6 张滤纸和 1 张 PVDF 膜。裁剪滤纸和 PVDF 膜时一定要戴上手套，以避免手上的蛋白污染膜。将切好的 PVDF 膜置于去离子水中浸润 2h 后备用。

在一瓷盘里加入转移缓冲液，并放入转膜用的夹膜镊、两块海绵垫、转印滚轮、转印滤纸和浸润过的 PVDF 膜。

（2）安装转印三明治：打开转印夹，黑色的一面水平放入装有转移缓冲液的瓷盘中，在上面放上一张海绵垫，用转印滚轮来回擀几遍以擀走气泡。在海绵垫上放三张滤纸，擀走气泡。将培养皿里浸泡的凝胶用夹膜镊夹起，放在滤纸上，用手调整使其与滤纸对齐，擀去气泡。将 PVDF 膜放置于凝胶上，膜要盖满整个凝胶，膜放上后不可再移动，擀走气泡。在膜上再放三张滤纸并去除气泡。最后放上另一个海绵垫，关闭转印夹。注意安装转印三明治的过程须在转移液中进行。凝胶和 PVDF 膜两侧的滤纸不能相互接触，否则会导致短路。

注意：因转移液中含甲醇，操作时要戴手套，并保持实验室空气流通。

（3）转膜：将转印夹放入转移槽，使黑面对应转移槽的黑面，白面对应转印槽的红面。向电泳槽中加入转移缓冲液，关闭电泳槽，接通电泳仪电源，调电压 40V、转移时间 3h。电转移前需在转移槽中放置冰块或冰盒降温。

（4）转膜结束后，黑面朝下，小心取出 PVDF 膜。

5. 免疫杂交

（1）封闭：将 PVDF 膜放入培养皿，倒入封闭液，室温下置脱色摇床上摇动封闭 1h。

（2）杂交

1）将一抗和二抗用 TBST 缓冲液稀释至适当浓度。

2）弃掉培养皿中的封闭液，加入稀释好的一抗溶液，室温下置脱色摇床摇动杂交 30min。弃一抗溶液，用 TBST 在室温下置脱色摇床上洗膜两次，每次 10min。

3）加入稀释好的二抗溶液，室温下置脱色摇床孵育 30min 后。弃二抗溶液，用 TBST 在室温下脱色摇床上洗膜两次，每次 10min。

6. 化学发光反应

（1）加入化学发光试剂，将膜的蛋白面朝下与化学发光试剂充分接触，1min 后，将膜移至保鲜膜上，去尽残液包好，放入 X 线胶片夹中。

（2）在暗室中，将 1× 显影液和定影液分别倒入塑料盘中备用。在红灯下取出 X 线胶片，剪裁至适当大小（比膜的长和宽大约 1cm）。打开 X 线胶片夹，把 X 线胶片放在膜上，注意一旦放上，便不能移动，关上 X 线胶片夹，开始计时。根据信号的强弱调整曝光时间，一般为 1～5min，也可选择不同时间多次压片，以达最佳效果。曝光完成后，打开 X 线胶片夹，取出 X 线胶片，迅速浸入显影液中显影，待出现明显条带后，即刻终止显影。显影时间一般为 1～2min（20～25℃），温度过低时（低于 16℃）需适当延长显影时间。显影结束后，立即将 X 线胶片浸入定影液中，定影时间一般为 5～10min，以胶片透明为止。用自来水冲去残留的定影液后，室温下晾干。

注意：显影和定影需移动胶片时，可拿胶片一角，注意指甲不要划伤胶片，否则会影响结果。

六、注意事项

1. 为了让实验更加严谨而有说服力，需要设计对照实验，对照分为：阳性对照（如 β-actin、GAPDH，为管家基因表达产物）；阴性对照（如测血时用相应小鼠未免疫血清）；空白对照（不加一抗，用 PBS 代替）；无关对照（用无关抗体）。

2. 一抗、二抗的浓度可参照抗体说明书选择最适当的稀释比例，一抗和二抗的稀释比例直接影响实验结果以及背景的深浅。

3. 实验所选用的试剂批次要一样，尽量避免人为因素带来的个体差异。实验时采用的操作条件要一致，尤其在做细胞裂解时，尽可能排除可变因素给实验带来不确定性。

4. 凝胶的质量直接影响后面的实验结果，制胶时严格按照要求进行，凝胶要均一没有气泡；浓缩胶与分离胶界面要水平。

5. 电泳和转膜时要特别注意正负极不能接错，电压和电流都不能过高。转膜时"三明治"的叠放次序不能错，同时要注意不能有气泡。转膜时的温度尽量保持在 10℃ 以下，冰浴为宜。

6. 封闭时一般在室温下 2h。注意如果是生物素标记的二抗，不宜用牛奶封闭，因为牛奶中含有生物素，应选用 BSA。

7. 加一抗和二抗时，要保证反应时间。洗膜时要尽可能将未结合的一抗和二抗洗净，有利于降低背景。

8. 在化学发光反应时，要注意发光时间和显影时间，以看得清目的条带为标准。

七、思考题

1. Western 印迹法的基本原理是什么？

2. 电转移时，为什么转印夹的黑面要对应转移槽的黑面，白面要对应于转移槽的红面？

3. 在正式杂交之前，为什么要用封闭液？

4. 杂交时，在加入一抗和二抗后，分别发生了什么反应？

（时丽洁）

第四篇 综合性实验和设计性实验

综合性实验是采用多种实验技术，通过较复杂的实验方案和实验流程，解决关键科学问题的过程。综合性实验的原理和结果关联学科内多个知识点，或综合多门学科的知识点。通过综合性实验的学习和操作，实验者将所学知识融会贯通，学会综合运用各项实验技能，提升分析问题、解决问题的能力。

设计性实验是基于问题的探索性实验。实验者根据给定命题或实验目的，综合运用学科理论知识和实践经验，去发现科学性问题，并设计可操作的实验方案来验证、分析和解决问题。通过设计性实验的学习和操作，实验者独立解决实际问题的能力、创新能力、团队协作能力、组织管理能力都将得到较大程度的提升。设计性实验以小组为单位，实验者独立完成从查阅文献、拟定实验方案、选择适宜的实验材料和实验设备，到实际操作运行的全过程。最后，实验者应撰写实验报告。

实验一 基于中医"肾阳虚证"蛋白差异表达分析的虚拟仿真实验

一、目的要求

1. 掌握蛋白质印迹法测定目的蛋白相对含量的基本原理与操作方法。

2. 学会独立操作虚拟实验设备，掌握相关设备的功能和使用方法。

3. 掌握基本实验操作技能如血样采集、蛋白质印迹法等技术的基本原理、实验方法，熟悉各项技术的要求和技术难点。

4. 综合运用中医学、生物化学、分子生物学等多学科知识，理解实验方案设计的原则、思路和实验技术核心内容，为中医药研究奠定基础。

二、实验原理

（一）实验对象选择依据

本实验基于临床四诊合参数据构建两组虚拟实验对象：①老龄肾阳虚组（aging deficiency of kidney yang，AD）、②老龄健康组（aging control，AC）。实验者根据临床案例中提供的四诊信息进行辨证分型，选择老龄肾阳虚证患者和老龄健康人，采集两组人群的外周血，运用蛋白质印迹法检测血细胞中 SOD1 含量。

（二）SDS-聚丙烯酰胺凝胶电泳的原理

本实验采用聚丙烯酰胺凝胶作为电泳支持物。聚丙烯酰胺凝胶的组成包括单体丙烯酰胺和双丙烯酰胺。以上两种成分聚合时，由加速剂 TEMED 催化过硫酸铵产生自由基，自由基引发丙烯酰胺单体聚合形成丙烯酰胺链，再在交联剂的作用下双丙烯酰胺与丙烯酰胺链交联。TEMED 易燃、具有腐蚀性，可吸入、经皮吸收，有较强的毒性，污染环境，这是我们将这一实验开发为虚拟仿真实验的原因之一。通过单体丙烯酰胺和双丙烯酰胺的聚合和交联，形成具备分子筛效应的三维网状结构，因而具有较高的分辨率。凝胶的筛孔大小、机械强度及透明度由凝胶的浓度和交联度决定。如交联度过高，胶不透明并缺乏弹性；交联度过低，凝胶呈糊状，不易操作。此外，改变丙烯酰胺的浓度与丙烯酰胺、交联剂的比例，也可得到不同孔径的凝胶。

实验时，在上样缓冲液中加入还原剂 β-巯基乙醇、二硫苏糖醇和阴离子去污剂 SDS。强还原剂可使半胱氨酸残基间的二硫键断裂。SDS 的作用有两个方面：①破坏蛋白质分子的氢键，使蛋白质变性；②与解聚蛋白的氨基酸侧链结合形成蛋白质-SDS 胶束，SDS 所带的负电荷大大超过了蛋白原有的电荷量，以此消除不同分子间的电荷差异和结构差异。线性蛋白分子透过凝胶的分子筛进行迁移，其迁移速度只取决于蛋白的分子量，与所带电荷、分子的空间结构无关，当分子量在 15 ~ 200kDa 时，蛋白质的迁移率和分子量的对数呈线性关系。为了提高电泳的分辨率，SDS-PAGE 一般采用不连续电泳。制胶的时候按不同的配方比例制备浓缩胶和分离胶，让蛋白样品先通过浓度较小、筛孔较大的浓缩胶，浓缩胶具有堆积作用，能使较稀的蛋白浓缩成一个狭窄的区带，再进入分离胶电泳，可以使分子量相同的蛋白质更集中，从而得到更多的分离条带。PAGE 应用广泛，可用于蛋白质、酶、核酸等生物分子的分离、定性、定量及少量的制备，还可测定分子量、等电点等。

（三）蛋白质印迹法及显色定量的原理

将聚丙烯酰胺凝胶电泳分离得到的蛋白条带转移到 PVDF 膜上，并以兔抗人 SOD1 第一抗体作为探针与膜上 SOD1 结合，再结合辣根过氧化物酶（HRP）标记的羊抗兔第二抗体，第二抗体上的 HRP 催化底物显色，并以 β-actin 为内参照，通过对着色条带的扫描分析进行相对定量，比较老龄肾阳虚组与老龄健康组的 SOD1 蛋白表达差异。

三、虚拟器材和试剂

（一）虚拟器材

真空采血管（EDTA 抗凝）、1.5ml EP 管、15ml 刻度离心管、单通道可调量程移液器、盒装吸头、NUNC 冰盒、BIORAD 电泳槽、BIORAD 基础电泳仪 164-5050、制胶板、制胶架、转印夹板、转印电泳槽、PVDF 膜、脱色摇床、凝胶成像系统。

（二）虚拟试剂（配制方法见第三篇　实验七）

含 1mmol/L PMSF 的细胞裂解液、内参蛋白 β-actin、15% 分离胶、5% 浓缩胶、样品缓冲液（含溴酚蓝、β-羟基乙醇、SDS）、1× 电泳缓冲液 pH8.6、1× 转膜缓冲液、兔抗人 SOD1、β-actin 第一抗体（1∶5000）、羊抗兔第二抗体（1∶10 000）、封闭液、TBST、TBS、ECL 化学发光试剂盒。

四、虚拟仿真实验软件

本实验采用成都中医药大学自主开发项目"中医肾阳虚证 SOD1 蛋白的虚拟仿真实验"。

五、用户操作系统要求

（一）计算机操作系统和版本要求

Windows7 及以上版本操作系统，建议采用 64 位操作系统。建议采用火狐或谷歌浏览器，如采用的是 360 浏览器必须使用极速模式。不支持移动端。

（二）计算机硬件配置要求

推荐配置：CPU，Intel® Core™ i5 以上；内存，4G 以上；显存，1G 以上。

（三）其他计算终端硬件配置要求

内存：4G 以上；显存：1G 以上。

六、操作步骤

（一）虚拟器材使用方法（表 4-1-1）

表 4-1-1　虚拟器材使用方法

操作项目		操作方法
物品持拿		鼠标悬停所选物品，左键单击物品，出现操作按钮，左键单击拿起
物品放置		鼠标单击放置物品的位置即可放回
移液器使用	拿起移液器	鼠标悬停移液器，左键单击枪身，出现操作按钮，左键单击拿起
	调整量程	出现调整量程对话框，手动输入量程
	装配吸头	鼠标悬停吸头盒，左键单击打开盖子，单击吸头，即可装配
	吸取液体	鼠标悬停试剂容器，单击容器，出现操作按钮，左键单击吸液
	添加液体	单击容器，出现操作按钮，单击加液
	卸下吸头	吸取液体后，画面右侧出现移液器内容对话框，单击对话框中按钮卸下吸头
加液	拿起液体	鼠标悬停试剂瓶瓶身，左键单击瓶身即可拿起
	添加液体	单击容器，出现操作按钮，单击加液
倾倒液体		画面右侧出现容器内容对话框，单击对话框中按钮倾倒，即可倒去液体
检查装置		鼠标悬停配件，单击左键，出现操作按钮，单击检查
清理电泳槽		电泳完毕后，单击电泳槽上盖，出现操作按钮，单击取下盖子
		单击电泳槽，出现操作按钮，单击清理电泳槽
上样	吸取样本	鼠标单击冰盒上样本
	选择加样孔	鼠标悬停加样孔，显示加样孔名称，选择适宜加样孔（注意留出两侧加样孔，避免"笑脸"现象）
	加样	悬停加样孔，单击左键

（二）实验流程

1. 登录成都中医药大学虚拟仿真实验教学平台（http://210.41.222.190/），注册账号、密码。

2. 进入"基于中医肾阳虚证 SOD1 蛋白印迹分析"的虚拟仿真实验，根据专业方向选择中医或西医模块，点击练习模式。

3. 选择实验对象　阅读各组虚拟对象病案详细信息，按肾阳虚证的纳入标准和排出标准选择适宜的虚拟对象入组。

4. 实验准备　进入缓冲间，戴工作服、穿手套。

5. 血液样本选取　从已预处理的老龄肾阳虚组（标记为 AD）、老龄健康组（标记为 AC）血液样本中各选取一个血样进行检测。

6. 蛋白样品制备　取 4 支 EP 管，标记如下。AD-SOD1、AD-actin、AC-SOD1、AC-actin，AD-SOD1 和 AD-actin 管分别加入 AD 组全血各 50μl，AC-SOD1 和 AC-actin 管分别加入 AC 组全血各 50μl。外周血细胞裂解、总蛋白提取、添加上样缓冲液、煮沸变性，制备蛋白样品，−20℃保存备用。

7. SDS-PAGE　制胶、30μl 上样，浓缩胶电泳 15min；分离胶电泳，待溴酚蓝迁移至距凝胶边缘 2cm 处，停止电泳。

8. 转膜　安装"转印三明治"，电转移 1.5h。

9. 抗原抗体反应　封闭 PVDF、洗膜 3 次；将 PVDF 膜按照 Marker 分子量的指示裁剪为 SOD1 膜条和 β-actin 膜条，分别用不同的一抗进行抗原抗体反应。第一抗体室温条件下孵育 2h，洗膜 3 次；第二抗体室温条件下孵育 2h，洗膜 3 次。

10. 显色、定影　铺膜，将 ECL 发光工作液 1ml，均匀滴加到膜条上。包裹 PVDF 膜，将 PVDF 膜放入凝胶成像仪的暗室中，曝光，拍照。

11. 用凝胶图像分析成像系统进行扫描分析，测定蛋白条带积分光密度值。

七、实验结果

实验结果以目的蛋白相对表达量表示：

$$目的蛋白相对表达量 = \frac{SOD1\ 积分光密度值}{β\text{-}actin\ 积分光密度值}$$

八、注意事项

1. 实验前须详细了解实验方案设计的原理和思路。

2. 使用谷歌、火狐等高速浏览器，并将浏览器切换至极速模式进行操作。如遇不支持的浏览器，系统提示"please note that your browser is not currently supported for Unity WebGL content"（"请注意，您的浏览器目前不支持 Unity WebGL 内容"）。

3. 登录系统后点击"我的桌面"，选课学习，加入会员后可记录学习进度和操作成绩。

九、思考题

1. 试剂中 SDS 的作用是什么？

2. 浓缩胶和分离胶的 pH 是否相同？

3. 为什么要设置内参蛋白？

4. 如何安装"转印三明治"？

5. 一抗孵育前加封闭液的目的是什么？

（黄映红）

实验二　瘦素基因的鉴定和分析

一、目的要求

1. 根据实验任务查阅文献、分析文献，确定实验题目。

2. 综合应用所学知识和文献分析结果确定实验目的、选择实验材料、设计实验流程。

3. 掌握 PCR、琼脂糖凝胶电泳等技术的原理和方法，熟悉各项技术的要求和技术难点。

4. 掌握实验数据的处理与分析方法，完成实验报告并分享。

二、实验原理

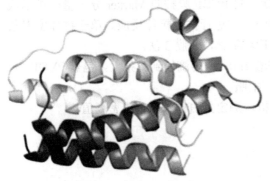

图 4-2-1　瘦素的空间结构

瘦素（leptin）是由脂肪细胞分泌的肽类激素（图 4-2-1）。瘦素具备抑制食欲、增加能量消耗、抑制脂肪合成、促进脂肪分解等功能，故机体瘦素水平与是否肥胖相关。当动物体脂减少时，血清瘦素水平下降，反之则表现为血清瘦素含量升高。胰岛素可促进瘦素的分泌，反过来瘦素可负反馈调节胰岛素的合成、分泌。

1994 年，Friedman 等率先克隆瘦素基因，开启了对肥胖相关基因的研究。如瘦素基因突变致瘦素缺陷，可使小鼠食欲明显增强、能量代谢异常、脂肪合成增加、脂肪分解受抑，最终积累出超过正常小鼠数倍的脂肪，导致异常肥胖。因此，瘦素基因的鉴定和分析是研究肥胖及相关疾病的重要方法。

三、主要试剂

基因组 DNA 提取试剂盒（离心柱法）、GAPDH 引物、ob 基因引物、2×Taq 预混试剂。

四、实验用动物

健康昆明种小鼠、ob/ob 小鼠。

五、主要器材

1. 微量移液器（2μl、20μl、200μl、1000μl）及吸头。

2. 1.5mL Eppendorf 管（EP 管）、PCR 反应管。

3. 台式高速离心机。

4. 水平电泳槽、电泳仪。

5. 常规 PCR 仪。

6. 金属浴、恒温水浴箱。

7. 低温冰箱。

六、操作步骤

（一）明确实验任务

教师介绍设计性实验的目的和意义，指导实验者选题、查阅文献、设计实验方案、获取实验数据、分析实验结果、撰写实验报告。

（二）查阅文献

以性别、性格、学科基础优势互补等为依据分组，每组 4～6 人。分组尽量符合组内异质、组间同质的原则，做到分工明确，责任到人。查阅书籍或文献，分析总结作者的观点，以书面报告的形式提交讨论。经讨论确定实验题目。

（三）设计实验方案

根据选题，利用实验室可提供的实验条件设计实验方案，撰写开题报告（见附表）。实验方法参见第二篇、第三篇具体内容，如聚合酶链反应。

（四）提交开题报告并答辩

教师指导课题小组修改实验方案。确定实验方案后，制作 PPT，确定报告人、答辩者。教师组织召开开题答辩会议，会上由各课题组进行开题报告，所有实验者参与讨论，提出实验方案存在的问题和改进建议及方法。课题小组根据开题会议收集的意见和建议，进一步修改实验方案，选择适宜的实验材料和设备，确定技术路线和实验具体方法，提交给指导教师和实验准备人员。

（五）完成实验工作

实验者分工合作，完成实验方案制订的所有流程和工作。实验具体步骤参见第二篇、第三篇。实验过程中，要详细记录实验结果，保存原始数据。

（六）数据分析和处理并完成研究报告

在教师指导下，课题组成员独立完成实验数据整理和报告撰写。实验报告应全面总结实验的成果和存在问题，内容包括研究目的与意义、材料与方法、研究结果、讨论与分析。

七、实验结果

利用 PCR、琼脂糖凝胶电泳等技术分析及鉴定健康小鼠、ob/ob 小鼠瘦素基因，明确瘦素基因缺陷导致肥胖的机制。

八、注意事项

1. 实验方案的设计需分析其可行性、可靠性和安全性。
2. 完成实验工作须从实验准备入手，掌握研究的全过程。
3. 实验记录宜详尽、准确，应注意保存原始数据。
4. 教师在实验关键环节应给予指导和把关，避免因操作失误导致实验失败。

九、思考题

1. 瘦素作用的方式和途径有哪些？

2. 与健康小鼠相比，ob/ob 小鼠的糖脂代谢存在哪些不同？

3. 实验方案的具体内容有哪些？

（黄映红）

附表　实验开题报告

实验题目		实验时间	
组别		小组成员	

一、实验目的

二、实验材料
（一）实验用动物（动物种属、基本性状、动物饲养条件等）
（二）实验用试剂
（三）实验用器材

三、实验的理论依据

四、实验原理

五、实验内容

六、实验步骤（用流程图表示）

七、实验注意事项

八、实验进度安排

九、参考文献

指导教师对实验方案设计的意见：